KB149800

살고 싶은
노인요양시설 24

Taking a Glance at
Livable
Nursing
Homes

살고 싶은 노인요양시설 24

김대년 · 윤영선 · 변혜령 · 정미렴 · 김선태

Denmark

Sweden

Netherlands

Japan

Korea

(주)교 문 사

머리말

누구나 나이가 들면 치매나 만성질환을 가질 수 있으며, 노후 대책을 고민하지 않는 사람은 없을 것이다. 핵가족화와 여성의 사회진출 등으로 가정 내에서 노인을 수발하기에는 많은 경제적·신체적·정신적 부담을 가지지 않을 수 없으며, 타인의 도움 없이 혼자 사는 독거노인에게는 자신의 집에서조차 안심하며 생활할 수 없는 것이 현실이다.

이러한 사회적 배경하에 우리나라도 노인요양문제에 적극 대처하여 국민들의 노후 불안을 해소하고, 건강한 고령사회 실현을 위해 2008년 7월 노인장기요양보장제도가 실시되었다. 2년이 경과하는 시점에서 치매·중풍 등의 노인성 질환을 위한 시설 인프라 확충은 어느 정도 달성되고 있다고 말할 수 있다.

하지만 무엇보다도 양적 인프라 확충과 더불어 수발서비스환경의 전반적인 질적 개선이 중요하다. 단순히 필요한 수발 또는 의료서비스의 제공에 그치지 않고 거주노인이 시설의 물리적 환경에 의해 스트레스를 받지 않으며 가능한 한 자기 집처럼 편안하게 생활할 수 있는 거주환경 구축이 필요하다. 많은 노인 관련 전문가들이 우리나라의 현실을 감안한 모델을 제시하고는 있지만 이론과 실제에는 많은 차이를 보이고 있으며, 실제 운영 중인 시설도 좋은 평가를 받기는 쉽지 않은 일이다.

이 책에서는 24곳의 살고 싶은 노인요양시설을 총 3부로 나누어 소개하고 있다. 1부는 덴마크·스웨덴·네덜란드, 2부는 일본, 3부는 한국으로 구성되었으며 8시설씩 수록하고 있다. 1부 덴마크·스웨덴·네덜란드의 노인요양시설은 시설거주노인뿐만 아니라 지역사회에 식사, 재택케어 등 다양한 서비스를 제공하며 주민참여 프로그램을 수행하고 있는 시설들을 수록하였다. 2부 일본의 노인요양시설은 거주실의 1인실화를 통한 개인공간의 보장, 시설적 분위기를 탈피한 거주단위의 소규모화, 개인공간과 공용공간의 적절한 관계 모색 등을 엿볼 수 있는 시설들을 수록하였다. 3부 한국의 노인요양시설은 최근 개원된 시설들 중 노인에게 적합한 거주환경과 질 좋은 서비스를 제공하기 위한 많은 노력을 기울이고 있는 것이 특징이다. 본문 서술에 있어서 객관적인 입장에 서서 논하려고 노력했지만 필자들의 주관적인 생각이 부분적으로 반영된 것은 양해를 바란다.

본 서에서 소개하는 시설들은 우리나라 노인요양시설이 양에서 질로 전환하는 데 하나의 방향을 제시할 수 있는 기초자료가 될 수 있을 것이다. 특히, 법적 최소한의 시설기준만을 충족하는 시설계획에서 탈피하여, 향후 우리나라의 바람직한 노인거주환경을 계획하는 데 공간구성과 운영 특성, 특정 공간 및 설비, 부분적인 디자인 측면에서 참고할 부분이 많으리라 생각한다.

본 서는 앞서 출판된 『노인요양시설의 건축ㆍ실내환경 디자인』이란 제목의 이론서와 함께 일반 독자들에게 어떠한 시설이 노인에게 살기 좋은 거주환경인지 그 식견을 넓혀 주는 데 도움이 되리라 생각되며, 노인 관련 전문가에게는 노인요양시설의 계획방향과 디자인지침을 수립하는 데 도움이 되리라 본다. 특히, 노인요양시설을 건설하고자 하는 운영자나 건축가들이 노인요양시설의 거주환경을 실제로 계획하고 디자인할 때 실제로 적용할 수 있는 유익한 정보원이 되리라 기대한다.

마지막으로 이 책의 출판이 가능하도록 과학기술부 산하 한국과학재단(특정기초연구지원사업 3년 과제, 2006~2009년)이 연구할 수 있는 계기를 마련해 주고 재정적인 지원을 해 준 것에 감사드리며, 필자들의 방문을 환영하고 현장의 목소리를 들려주신 시설 운영자들께 감사드린다. 무엇보다도 기꺼이 당신들의 사시는 모습을 보여 주신 시설 거주 어르신들께 진심으로 감사드린다. 또 국내ㆍ외 우수한 시설의 거주환경을 소개하여 여러 사람들과 공유할 수 있게 책의 출판을 허락해 주신 (주)교문사 류제동 사장님을 비롯하여 양계성 상무님께 감사드린다. 실무담당자로서 수준 높은 책을 만드는 데 심혈을 기울이신 편집부 직원들을 비롯한 교문사 관계자 여러분께도 고마운 마음을 전하고 싶다.

향후 한국의 노인요양시설에 거주하시는 어르신들은 편안하고 밝은 표정으로 건강한 삶을 누릴 수 있는, 그리고 수발드는 직원들은 자긍심을 갖고 편하게 일할 수 있는 '살ㆍ고ㆍ싶ㆍ은ㆍ노ㆍ인ㆍ요ㆍ양ㆍ시ㆍ설'이 많아지기를 진심으로 바란다.

2010년 9월
저자 일동

서언

우리나라는 세계에서 유례없는 노인인구의 급속한 증가로 고령화 사회를 이미 넘어서서 곧 고령 사회를 맞게 될 것이다. 2005년 현재 65세 고령자의 기대 수명은 18.2세로 83.2세까지 살 것으로 예측(남성 80.8세, 여성 84.9세)[1] 된다. 이와 같이 길어지는 수명과 함께 유병장수(有病長壽)하는 기간이 길어짐에 따라 사회[2]와 가족의 부양부담이 증대하고 있다. 특히, 치매, 중풍 등 장기 요양을 요하는 노인성 질환의 경우 당사자인 노인뿐 아니라 부양부담을 지게 되는 자녀세대의 경제적·물리적·정신적 부담이 극심해져 노인의 학대와 유기(幼期), 가정불화, 가정해체 등에 이르는 경우가 종종 있는 실정이다. 더욱이, 1세대 및 1인 가구의 지속적인 증가로 인하여 자녀동거가구의 비율은 1994년 56.2%에서 2004년 43.5%로 낮아졌으며, 전체 노인가구 중 배우자나 자녀 없이 혼자 사는 노인가구의 비율 역시 1994년 14.9%에서 2004년 24.6%로 급속히 증가하여[3] 실질적으로 신변 수발의 도움을 받을 수 없는 경우가 많다. 또 수명이 길어질수록 배우자와 사별하거나 자녀와 떨어져서 생활하는 독거노인가구의 비율은 점차 증가하는 현상이 나타나 65~69세의 경우는 14.1%이나, 70~79세는 20.8%, 80세 이상은 20.4%로 나타났다. 독거노인가구의 급속한 증가는 노인인구의 증가를 상회하는데, 이는 노인이 미혼자녀를 출가시킨 후 혼자 살게 되었거나 도시화로 인한 핵가족화 현상으로 여성의 취업과 사회참여가 확대되었기 때문이다. 이에 따라 가족의 노인 부양기능은 점차 약화되고 있다.[4] 노인의 부양을 국가와 사회가 분담해야 한다는 사회적인 공감대가 형성되고, 치매, 중풍 등 장기요양을 요하는 노인성 질환을 가진 노인들의 간병 및 요양부담이 지속적으로 사회문제가 되고 있다.

우리나라에서는 「노인복지법」에 따라 노인을 위한 주거시설이 건설되고 있다. 1981년 「노인복지법」에 규정된 노인복지시설에는 양로시설, 노인요양시설, 유료양로시설, 노인복지회관이 있으며 이 중에서 노인복지회관을 제외한 세 가지가 노인주거로 활용되었다. 1989년 「노인복지법」 1차 개정 시 무료복지시설만으로는 노인의 주거문제를 해결하는 데 한계가 있음을 인식하여 실비양로시설, 유료노인요양시설, 실비 및 유료노인복지주택을 포함하는 새로운 조치가 취해졌다. 1993년 2차 개정 시에는 유료노인복지시설 등을 국가나 비영리법인만 설치·운영하도록 한 규정을 완화하여 민간기업체나 개인에게도 허용하는 조치가 취해졌으며 특히, 1994년에는 「노인복지법」 시행령과 시행규칙을 개정하여 유료노인주거시설의 설치·운영에 필요한 조치가 입법화되었다. 1997년에는 「노인복지법」의 전면 개정을 통하여 노인복지시설을 노인주거복지시설, 노인의료복지시설, 노인여가시설, 재가 노인복지시설 등으로 세분화하였다. 본 서의 대상이 되는 노인요양시설은 노인의료복지시설에 포함되며, 무료노인요양시설, 실비노인요양시설, 유료 노인요양시설, 무료노인전문요양시설, 실비노인전문요양시설, 유료노인전문 요양시설 여섯 가지로 구분되었는데,[5] 2007년 8월에 법령이 일부 개정되면 서 '노인요양시설'로 통합되어 현재에 이르고 있다.

「노인장기요양보험제도법」이 2007년 4월에 통과되었으나 아직 초기단계 라서 제도와 인프라가 충분히 정비되지 않은 상태이다. 그러나 이 법으로 인 하여 우리나라도 중증 만성질환을 가진 노인들이 필요에 따라 노인요양시설 에 입소하거나, 집에서 거주하면서 재가서비스를 받을 수 있는 기반이 마련 되었다는 데 그 의의가 매우 크다. 노인요양시설에서의 서비스는 재가서비 스에 비해서 비용이 많이 든다는 단점이 있으나 전문적인 인력이 적정 수준 의 설비를 갖추고 24시간 지속적으로 케어하며, 이동이 힘든 노인의 경우 사 회활동이나 프로그램 참여가 재택 시보다 용이하다는 장점이 있다.[6] 따라서 노인요양시설서비스의 중요성은 점점 커지고 있으며, 「노인장기요양보험제 도법」에 따라 급여를 요청할 수 있는 노인요양시설 수발급여 대상자는 4만 3,000명으로 추정된다.[7] 이러한 노인의 요양서비스에 대한 사회적 요구에 부응하여 2005년 543개소였던 전국의 노인요양시설은 2007년 현재 1,114개 로 그 수가 두 배 이상 증가하였다.[8]

노인요양시설에 대한 관심이 급속도로 고조되면서 건축, 실내디자인, 주 거, 사회복지, 의료 및 간호 등 다양한 분야에서 노인요양시설에 대한 연구 결과들이 많이 발표되고 있다. 이들 연구들은 노인요양시설 관련 정책, 장기 요양서비스를 요하는 노인과 가족의 요구, 노인요양시설에 대한 만족도, 장 기 요양 노인의 행동 특성, 장기 요양서비스의 제공과 인력 훈련, 노인요양 시설의 공간구성 및 계획, 외국의 사례조사 등 비교적 다양한 연구주제를 다 루고 있다. 그러나 아직까지 이러한 연구의 대부분은 연구내용에 있어서 노 인요양시설을 포괄적으로 다루지 않은 채 단편적인 정보를 제공하고 있으 며, 연구대상의 선정이 체계적이지 못하다는 제한점을 지니고 있다. 또한 이 러한 이유로 인해서 노인요양시설에 관심이 있는 일반인은 물론 관련 전문 가들조차 연구결과로 제공된 정보를 일반화시켜 이용하기 어려운 실정이라 는 것이 문제점으로 지적된다.[9] 노인요양시설 관련 정보를 획득하기 어려워 이를 실제로 적용하거나 운영에 활용하지 못하고 있는 현재의 상황을 고려할 때, 노인요양시설을 건립하여 노인복지사업을 시작하는 정부기관이나 민간업체, 또는 이미 관련 분야에 종사하는 사람들에게 노인요양시설의 건축환경디자인 정보를 체계적으로 제공할 필요가 있다. 노인요양시설 정보를 필요로 하는 사람은 누구나 손쉽게 사용할 수 있는, 노인요양시설의 건축환경 디자인에 관한 체계적인 지식정보시스템이 구축되어야 한다.

이러한 취지에서 노인요양시설계획 시 체계적인 디자인지침으로 활용할 수 있는 '노인요양시설의 건축·실내환경 디자인'을 출판하였으며, 후속 저자로 실제로 운영되고 있는 다양한 형태의 노인요양시설 개발 사례를 통하여 구체적이고 실질적인 디자인 방향을 소개하고자 본 서를 집필하게 되었다. 본 서에 수록된 24개 노인요양시설의 일반특성은 다음과 같다.

1) 통계청(2007), 2007년 고령자 통계.

2) 통계청(2007), 상동.

3) 보건복지부(2004), 전국 노인생활실태 및 복지욕구조사.

4) 홍형옥 외(2004), 2020년 : 노후의 공간환경을 전망한다-노후에는 어디에서 살까, 미래인력연구원·지식마당.

5) 홍형옥 외(2004), 상동.

6) 김병한(2007), 노인장기요양보험제도 도입에 따른 노인복지시설의 대응, 사회복지, 통권 173호, pp.128-143.

7) 덕선우(2006), 고령화시대에서의 노인수발지원정책, 건축, 50(11), 대한건축학회.

8) 보건복지부(2008), 노인복지시설 현황.

9) 변혜령 외(2008), 노인요양시설에 관한 국내연구 분석-1990년 이후 학위논문과 학술지 게재논문을 대상으로-, 한국주거학회논문집, 19(2).

24개 노인요양시설의 일반특성

구 분	순 서	시설명	시설유형	국 가	도 시	개원년도	거주 노인 수
제1부 덴마크, 스웨덴 네덜란드의 노인요양 시설	1	비스앵아	노인요양시설(그룹홈), 커뮤니티센터	스웨덴	쉐핑예브로	1995	36
	2	린뎅예룬드보드보엔데	노인요양시설(청각, 시각장애노인전문)	스웨덴	말 뫼	2001	40
	3	소피엔보어케어센터	그룹홈	덴마크	힐레뢰르	2004	24
	4	스트란드막스하븐	노인요양시설, 커뮤니티센터	덴마크	코펜하겐	1987	73
	5	휴매니타스아크로폴리스	노인요양시설, 노인아파트, 커뮤니티센터	네덜란드	로테르담	1971	269
	6	소피에룬드케어센터	노인요양시설, 노인아파트, 커뮤니티센터	덴마크	회스홀름	1995	69
	7	토른달스하브	치매노인그룹홈	덴마크	코펜하겐	1998	16
	8	알름고덴	노인아파트, 커뮤니티센터	스웨덴	벨링에	1992	49
제2부 일본의 노인요양 시설	9	히토에노사토	특별양호노인홈	일 본	미야기	2003	90
	10	슈쿠토쿠쿄세엥	특별양호노인홈	일 본	치 바	2007	100
	11	선라이프히로미네	특별양호노인홈	일 본	효 고	2009	29
	12	엔젤헬프호난	그룹홈, 소규모 다기능거택개호	일 본	도 쿄	2006	48
	13	케마키라쿠엔	특별양호노인홈	일 본	효 고	2001	70
	14	사쿠라신미야	그룹홈	일 본	효 고	2006	18
	15	미나미카제	특별양호노인홈	일 본	카나가와	2005	100
	16	카에데 & 메이플리프	그룹홈	일 본	효 고	2000	18
제3부 한국의 노인요양 시설	17	동부노인전문요양센터	실비노인전문요양시설	한 국	서 울	2005	296
	18	도봉실버센터	실비노인전문요양시설	한 국	서 울	2005	111
	19	성요셉요양원	무료노인요양시설	한 국	광 주	2004	78
	20	인천신생전문요양원	무료노인전문요양시설	한 국	인 천	2002	50
	21	마이홈노인전문요양원	무료노인요양시설	한 국	대 구	2004	75
	22	실버랜드	무료노인전문요양시설	한 국	대 전	2002	84
	23	안나노인건강센터	무료노인전문요양시설	한 국	부 산	2005	100
	24	늘푸른노인전문요양원	무료노인전문요양시설	한 국	울 산	2004	50

CONTENTS

Chapter

2

일본의
노인요양시설

Chapter

3

한국의
노인요양시설

덴마크 · 스웨덴 · 네덜란드의
노인요양시설

■ 비스앵아
  건축가가 시설장을 겸하고 있는 아름다운
  그룹홈

■ 린덴예룬드보드보엔데
  시각·청각장애 노인을 위한 특수 노인요양시설

■ 소피엔보어케어센터
  과감한 색채를 사용한 그룹홈

■ 스트란드막스하븐
  지역사회 주민을 위한 큰 식당과 각종 취미
  공간이 있는 노인요양시설

■ 휴매니타스아크로폴리스
  거주자의 자기결정권을 최대한 존중하는
  대규모 주거복합시설

■ 소피에룬드케어센터
  치매정보센터가 있는 대규모 주거복합시설

■ 토른달스하브
  가정적 분위기의 평화로운 치매노인 그룹홈

■ 알름고덴
  거주노인과 지역주민을 위한 커뮤니센터와
  노인아파트가 있는 복합시설

북유럽의 노인요양시설은 거주노인뿐만 아니라 지역사회 노인들에게 식사, 재택케어 등의 다양한 서비스를 제공하고, 주민들이 참여할 수 있는 프로그램을 운영하고 있다. 대부분의 시설에서 지역주민이 이용할 수 있는 저렴하면서도 음식의 질이 좋은 식당과 취미공간이 설치된 커뮤니티센터를 운영하며, 강당과 회의실을 대여해 주기도 한다. 노인이 입주 시 건강상태나 취향에 따라 선택할 수 있도록 노인아파트, 노인요양시설을 한 단지 내에 계획한 곳도 많다. 북유럽의 사례는 다양한 형태의 시설 경향을 파악할 수 있거나, 설계개념에 중요한 의의를 담고 있는 시설 위주로 선정하였다.

비스앵아
Vigs Ängar

소재지 스웨덴 쉐핑예브로(Köpingebro, Sweden) **ㅣ 시설유형** 노인요양시설과 커뮤니티센터의 복합형 **ㅣ 정원** 36명
개원년도 1995년 **ㅣ 운영자** 지방자치정부 위탁 **ㅣ 건축특성** 지하 1층, 지상 1층

Sweden

단층 건물인 비스앵아는 아름다운 자연환경을 지닌 농촌지역에 있으며, 건물의 외부는 스웨덴 전통주택에 쓰이는 적갈색을 칠한
나무로 마감되어 있다. 비스앵아는 그룹홈 형식의 노인요양시설과 커뮤니티센터가 복합된 시설로, 3개의 그룹홈에 32개 거주실
이 있으며 그 중 1개 그룹홈에는 치매노인이 거주하고 있다. 커뮤니티센터는 노인요양시설과 연결되어 있으나 그룹홈마다 개별
출입문이 있어서 독립성이 유지된다. 커뮤니티센터 내의 공용식당, 다목적실인 모니카살롱, 수영장은 지역의 주민들에게도 개방
된다. 직원은 40명 정도로 전일제 근무 직원은 시설장 및 사무국장(2명), 생활(사회)복지사(1명), 간호사(2명), 생활지도원(30~34
명), 사무원(1명), 영양사(1명), 조리원(2명)이며, 촉탁의사(1명), 관리인(1명), 위생원(4~5명), 운전기사는 필요에 따라 시간제로 고
용한다. 직원은 유니폼을 입지 않는다.

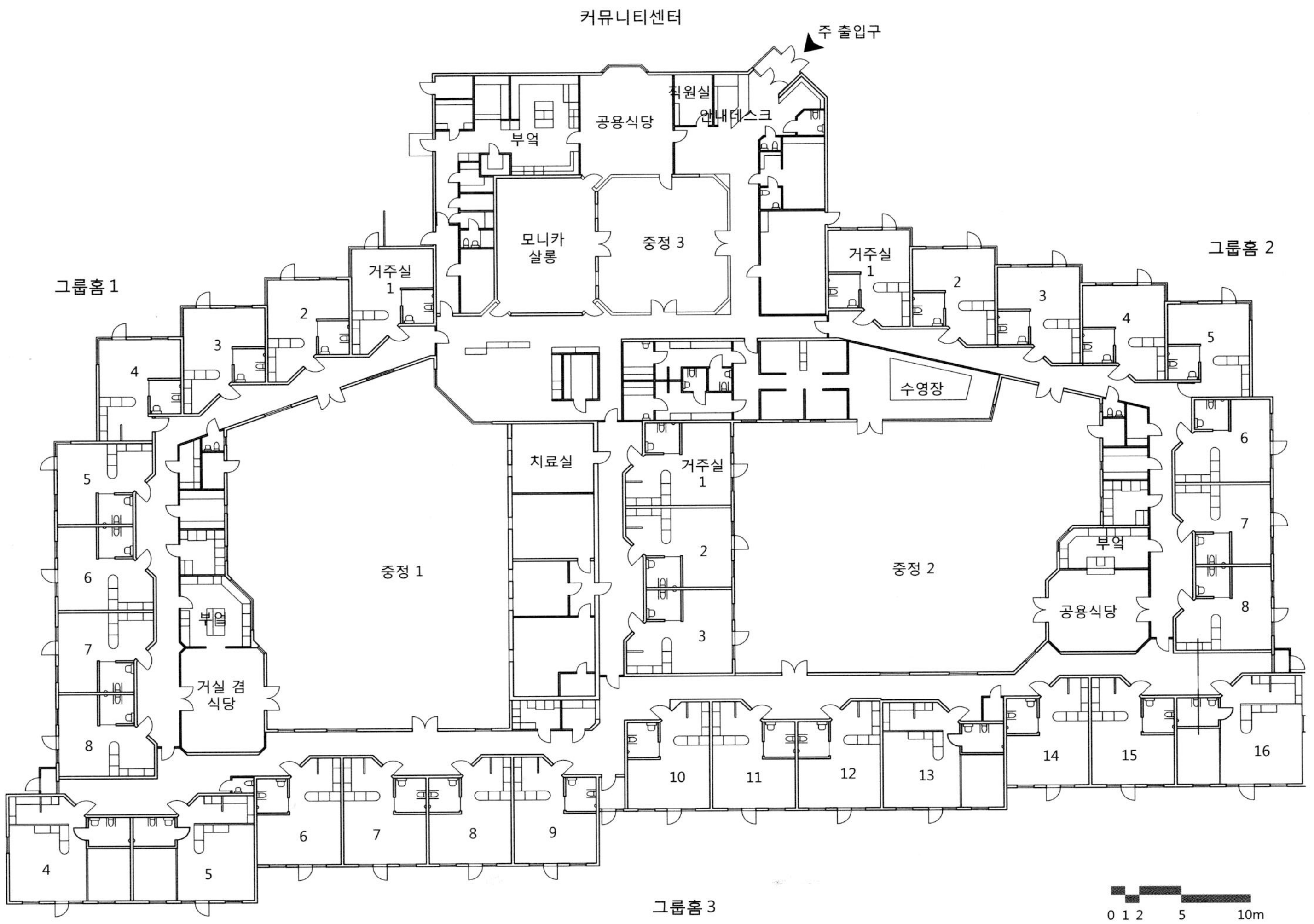

커뮤니티센터

주출입구

그룹홈 1

그룹홈 2

그룹홈 3

공용식당

중정 3

모니카 살롱

직원실

안내데스크

부엌

치료실

거주실 1

거주실 1

거주실 1

수영장

공용식당

부엌

중정 2

중정 1

거실 겸 식당

부엌

1

2

3

4

5

6

7

8

1

2

3

2

3

4

5

6

7

8

9

10

11

12

13

14

15

16

4

5

4

5

6

7

8

9

1

2

3

0 1 2   5   10m

평면도

공간배치 특성

노인요양시설과 커뮤니티센터가 복합된 유형인 비스앵아에는 중정 2개가 '누운 8' 자 모양으로 배치되어 있고 북쪽에 작은 중정이 하나 더 있다. 커뮤니티센터는 노인요양시설에 거주하는 노인은 물론 지역사회 주민들의 이용이 많다. 비스앵아의 주 출입구를 들어서면 맞은편으로 작은 중정이 보이고, 오른쪽에 안내데스크, 로비, 사무실이 있으며 더 안쪽으로 들어가면 공용식당과 다목적인 모니카살롱이 있다. 주 출입구 왼쪽에는 화장실, 의류 및 휠체어 수납공간 등이 있다. 오른쪽에 있는 중정을 감상하면서 안쪽으로 더 들어가면 화장실, 이·미용실, 기계욕실, 탈의실, 실내 수영장이 배치되어 있다.

노인요양시설은 2개의 중정을 둘러싸고 3개의 그룹홈이 배치되어 있는 형태이다. 왼쪽은 8명의 노인을 위한 치매노인그룹홈이며, 오른쪽은 8개의 거주실이 있는 그룹홈이고, 아래쪽은 16개의 거주실이 있는 그룹홈이다. 거주실은 모두 32개이다.

거주영역

비스앵아는 단층이어서 보행장애가 있는 노인도 불편을 느끼지 않는다. 거주노인은 치매노인, 신체장애인, 일상생활의 지원만 필요로 하는 독립적인 노인의 세 집단으로 나눌 수 있으며, 3개의 그룹홈으로 공간이 구분되어 시설같지 않은 가정적인 분위기로 안정감을 준다. 거주노인들은 개인적인 생활을 즐기면서 커뮤니티센터의 다양한 활동에 참여할 수 있어 지역사회와 연계성이 매우 우수하다.

거주실 크기는 35m²가 16개로 가장 많고 40m²가 12개, 60m²가 4개이다. 60m²의 거주실은 부부용으로 방이 2개이고 부엌이 넓으며 설비가 더 좋다. 모든 거주실에는 큰 유리창이나 유리문이 있는 출입문은 복도와 연결되어 있다. 대부분의 복도에서 중정을 내다 볼 수 있으며 실내가 매우 밝다.

비스앵아 거주영역의 특징은 거주실 마다 복도와 반대되는 쪽에 개별정원이 있는 외부로 나가게 되어 있다는 것이다. 그룹홈에는 공용거실 겸 식당, 부

1. 스웨덴 전통주택에서 많이 사용되는 적갈색의 주
   출입구
2. 거주실마다 별도로 계획되어 있는 정원
3. 주 출입구에 인접한 안내데스크
4. 안내데스크 옆의 직원실

엌, 세탁실, 직원실 등이 있다. 16개 거주실이 있는 그룹홈의 거주노인들은 일상생활에 큰 불편이 없는 독립적인 노인들이어서 커뮤니티센터의 공용식당을 이용한다. 모든 거주노인들은 커뮤니티센터의 수영장, 이·미용실, 기계욕실, 다목적실을 사용한다.

비스앵아는 친환경적인 개념을 도입하여 건축재료는 물론 가구, 조명, 커튼에도 천연재료를 사용하였고 실내의 색채계획에 있어서도 파스텔 계통의 색을 사용하여 온화하고 자연스런 분위기이다. 난방은 지하수를 이용한 패널히팅(panel heating)이며, 정원수는 빗물을 사용하고, 배수와 쓰레기 처리에도 환경을 고려하였다.

거주실

거주실은 전이공간, 수납공간, 부속화장실, 간이부엌, 거실영역, 취침영역으로 이루어진다. 출입문을 들어서면 휠체어를 보관할 수 있는 전이공간이 있으며, 안쪽에는 붙박이장이 설치되어 있고 다른 벽면에 서랍장을 배치하여 옷이나 기타 용품을 수납한다.

출입문이 45° 방향으로 있어 입구에서 취침영역은 보이지 않으며, 인접한 부속화장실도 침대에서 보이지 않아 안정된 분위기를 유지한다. 침대는 가로 또는 세로로 배치할 수 있으며, 침대에 누워서 외부의 정원을 내다 볼 수 있다. 취침영역과 거실영역 사이에 장식장이 있어서 분리된 느낌을 준다. 또한 천장은 경사천장이며 바닥은 천연목재로 마감되어 있다.

거실영역에 노인이 집에서 사용하던 소파, 테이블, 의자, 러그 등을 배치하여 가정적인 따뜻한 분위기이다. 전이공간 쪽으로 간이부엌이 있어 간단한 요리나 음료를 준비할 수 있다. 거실에서 정원이 내다보일 뿐아니라, 유리문이 있어 외부의 정원으로 나갈수 있다. 창이 크고 벽과 천장이 밝은 파스텔 계통이어서 경쾌한 분위기이다.

거주실 부속화장실에는 세면대, 변기, 샤워기가 설치되어 있고 휠체어를 사용할 수 있을

거주실 평면도

5. 휠체어와 수납장이 있는 거주실 전이
   공간
6. 취침공간에서 보이는 거실영역
7. 정원이 내다보이는 취침영역
8. 샤워용 의자와 휠체어를 사용할 수
   있는 세면대가 설치된 거주실부속화장실
9. 가열대와 개수대가 있는 거주실 내
   간이부엌

정도로 넓다. 샤워공간은 커튼으로 여닫게 되어 있으며 이동식 샤워용 의자가 있다. 양변기 좌우에 안전손잡이가 설치되어 있고 세면대에 하부공간이 확보되어 있어 휠체어를 사용하기에 불편함이 없다. 부속화장실의 거울은 15도로 경사지게 부착되지 않았으나 높이가 낮아 휠체어에 앉은 상태에서 볼 수 있다. 부속화장실의 출입문은 미닫이문이며 외부 바닥과 단차가 없어서 통행에 안전하다.

거실영역과 전이공간 사이에 냉장고, 가열대, 조리대, 개수대, 수납장이 있는 일자형 간이부엌이 있다. 식사는 공용식당에서 주로 하며 간이부엌에서는 커피, 음료, 과일준비 등이 이루어진다. 작업대 아래는 휠체어를 타고도 사용할 수 있도록 공간을 비워 놓았다.

공용거실 겸 식당

8명이 거주하는 그룹홈의 공용거실 겸 식당은 거주실의 노인이 쉽게 모일 수 있는 위치에 있으며, 중정으로 직접 나가게 되어 있고 천장이 높다. 인접해 있는 부엌과의 사이에는 접이문이 있어 공간을 분리할 수도, 두 공간을 하나처럼 사용할 수도 있다. 공용거실 한쪽에는 벽난로가 있어서 천연목재로 된 바닥이나 식탁, 의자 등과 함께 따뜻한 분위기를 조성한다. 아일랜드형 부엌의 아일랜드는 서빙 테이블로 이용되며 음식을 데울 수 있는 레인지가 있다.

일자형 작업대가 있는 아일랜드형 부엌의 미끄럽지 않은 갈색 바닥 타일은 공용거실 겸 식당 바닥의 목재와 색이 유사하여 전체적으로 통일감을 준다. 부엌의 한쪽에 창이 있어서 중정이 내다보이며 실내가 밝다. 16명이 거주하는 그룹홈의 거주자들은 커뮤니티센터의 식당을 이용한다.

복 도

복도는 거주실과 공용공간을 연결시켜 주며, 커뮤니티센터로 가는 출입문과 통하게 되어 있다. 복도에는 중정 쪽으로 큰 창이 계획되어 낮에는 자연채광으로도 충분히 밝다. 거주실 출입구 쪽의 복도는 폭이 넓어 작은 탁자나 의자 등을 배치하고 거주노인들의 상호교류의 장소로 사용하곤 한다.

10. 공용거실 겸 식당
11. 공용거실 겸 식당과 연결된 아일랜드형 부엌과 접이문
12. 거주실 출입구 앞의 넓은 복도에 비치된 소파

중 정

중정에는 연못이 있어 물 흐르는 소리를 들을 수 있고 여러 가지 꽃과 풀들이 자라서 노인의 정서에 도움을 준다. 거주노인들은 중정에서 햇볕을 쪼이며, 날씨가 좋을 때는 야외 식탁에서 식사를 하기도 한다.

커뮤니티센터

공용식당

주 출입구에 인접해 있는 안내데스크와 로비를 지나면 바로 공용식당이 있어서 지역사회 주민들의 접근이 쉽다. 공용식당은 목재로 된 식탁과 의자, 흰색 면으로 만든 조명 갓, 백열전구, 진홍색의 바닥 타일 등으로 인해서 친환경적인 분위기이다. 노인들은 뷔페 테이블에서 음식을 자유롭게 가져다 먹으며 부엌이 식당과 인접해 있어 뷔페 테이블의 음식을 보충하기가 쉽다. 노인들은 식사하면서 작은 중정뿐 아니라 반대쪽의 외부정원도 감상할 수 있다.

다목적실

로비에서 식당을 지나면 '모니카 살롱'이라는 이름을 가진, 천장이 높은 다목적실이 나온다. 다목적실에서는 노인들의 취미활동, 파티, 회의 등 다양한 활동이 이루어진다. 천장이 높고 고창이 있으며, 중정이 보이는 대형 유리문이 있어 실내가 밝다. 비스앵아의 거주노인들은 그들의 능력이 허락하는 한 최대한으로 많은 예술활동에 참여하도록 권장되며 그러한 활동에 다목적실이 이용되고 있다.

13. 연못이 있는 중정
14. 커뮤니티센터의 공용식당
15. 공용식당의 뷔페 테이블
16. 높은 천장의 다목적실

실내 수영장

실내 수영장은 대형 창이 있어 매우 밝으며 중정이 내다보이게 되어 있다. 실내 수영장에는 탈의실, 샤워실, 화장실이 있으며 수영은 물론 보행연습을 위한 운동을 하는 노인들이 많다. 수영장은 거주노인은 물론 지역 주민도 언제나 함께 사용할 수 있다.

이 · 미용실과 기계욕실

이 · 미용실과 기계욕실은 붙박이가구를 사이에 두고 한 공간에 계획되어 공간활용에도 좋으며, 설비도 효율적으로 이용할 수 있다.

사무실

로비의 안내데스크와 식당 사이에 위치하고 있으며, 외부정원이 보이는 큰 창이 있어 넓지 않은 공간이지만 쾌적한 분위기를 유지한다. 커뮤니티센터뿐 아니라 노인요양시설과 관련된 사무도 본다.

중 정

커뮤니티센터에 부속된 중정은 2개의 다른 중정에 비해서 크기는 작으나 여러 가지로 유용하다. 우선 중정이 로비와 복도, 공용식당, 다목적실과 연계되어 있어서 옥외생활을 하도록 유도하는 역할을 하며, 실내를 밝게 해준다.

17. 수영과 보행연습에 이용되는 실내 수영장
18. 탈의실 한쪽에 배치된 높이조절이 가능한 의자
19. 실내 수영장 부속탈의실
20. 직원실의 내부

린뎅예룬드보드보엔데
Lindängelunds Vårdboende

소재지 스웨덴 말뫼(Axel Danielssons väg 24 215 74 Malmö, Sweden) **┃ 시설유형** 청각, 시각장애 노인을 위한 노인요양시설 **┃ 정원** 40명 **┃ 개원년도** 2001년 **┃ 운영자** 지방자치정부 직영 **┃ 건축특성** 지하 1층, 지상 3층

린뎅예룬드보드보엔데는 스웨덴 중소도시 근교의 일반주거지역 내에 위치하며 청각·시각장애 노인들을 위한 스웨덴 유일의 시설이다. 다른 지자체에 속했던 노인이 입주할 경우, 기존의 지자체에서 보조금을 지불한다. 입주희망 노인이 많아 입주 시까지 6~7개월을 기다려야 한다. 제1 언어가 수화인 노인만 거주가 가능하다. 모든 거주노인들은 청각 또는 시각장애를 가지고 있으며, 그 중 50%는 치매, 40%는 청각과 시각장애를 모두 가지고 있고, 10%는 너싱홈에서 생활한다. 거주노인들과 직원들은 모두 개인소유의 평상복을 입는다. 직원은 시설장 1명, 의사 1명, 생활지도원 25명으로 구성되어 있다. 지도원 중에도 청각장애를 가지고 있는 사람도 있으며, 모두 수화를 할 수 있다. 린뎅예룬드보드보엔덴에는 자원봉사자가 없으며, 커뮤니티센터도 없다.

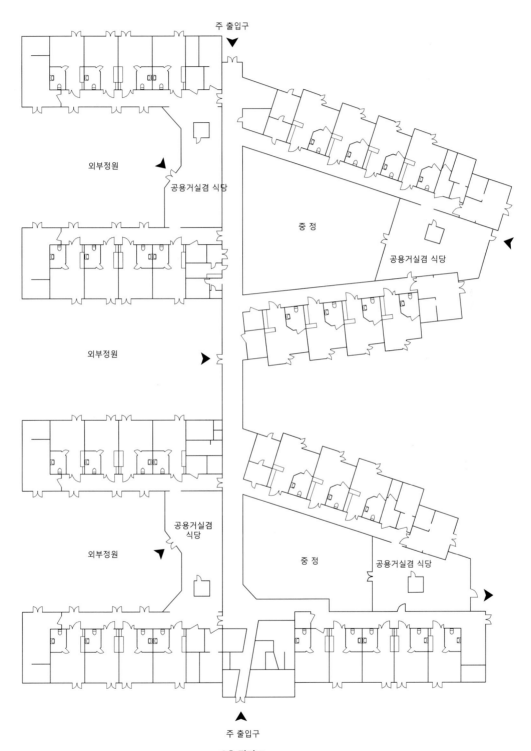

주 출입구

외부정원

공용거실겸 식당

중 정

공용거실겸 식당

외부정원

외부정원

공용거실겸
식당

중 정

공용거실겸 식당

주 출입구

1층 평면도

공간배치 특성

정원에서 본 주거동의 주 출입구에서 이어지는 중앙 통로를 축으로 4개의 거주단위가 날개 형태로 구성되어 있으며, 각 거주단위는 거주실들이 편복도형으로 배치되어 있는 단층건물이다. 모든 거주단위의 공용거실 겸 식당에서 중정과 외부공간으로 동선과 조망이 연결되며, 치매노인들은 중정이 있는 거주단위를 이용하고 있다.

건물과 건물 사이마다 중정과 옥외정원을 둔 형태이어서 거주단위마다 공용거실 겸 식당이 있어서 각 실내공간에서 정원과 시각적으로 연결된다. 어디에도 단차가 없고 유도블록이 설치되어 시각장애 노인들도 쉽게 접근할 수 있다. 시설에서는 치매노인들을 포함하여 모든 거주노인들이 자유롭게 정원을 이용할 수 있다. 그러나 인근주변이 우범지역이어서 울타리와 시설의 문으로 외부와 차단하고 있다.

거주영역

2001년 개원 이후 노인들에게 부적합한 바닥, 정원, 색채, 안전경보장치 (security alarm) 등을 개조하였다. 전체적인 실내디자인 특성은, 시력이 나쁜 노인들을 위하여 대비효과를 살린 색채계획을 한 것이다. 특히 보행의 안전을 위하여 공간 내·외부 경계 부분의 바닥재를 다르게 하고, 색채를 이용하여 식별성을 높였다. 실내 마감재료로는 명도가 높은 노랑계열의 목재, 타일, 페인트를 사용하여 밝고 편안한 가정적인 분위기이다.

거주실

거주실의 출입문은 목재 여닫이문이며, 문의 테두리를 인지하기 쉽도록 붉은색으로 강조하였고, 레버식 문손잡이와 벨이 설치되어 있다. 문에는 거주노인의 사진과 이름을 부착하여 자신의 방을 쉽게 인지할 수 있도록 하였다. 문 입구에는 노인이 전에 사용하던 테이블과 의자, 스탠드, 브라켓을 설치하여 인

1. 정원에서 본 거주동
2. 실내 바닥의 사선 패턴과 연속성을 준 옥외 바닥의 유도블록
3. 울타리를 친 옥외정원
4. 출입구 주변에 부착한 거주노인 사진

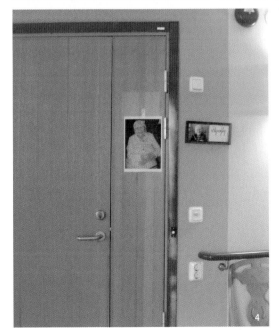

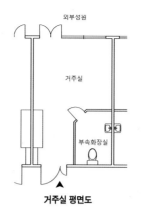

거주실 평면도

지적 효율성과 쾌적성·사회성을 높였다. 침대를 제외하고는 노인들이 전에 집에서 사용하던 개인가구 및 물품들을 사용할 수 있도록 하였다. 밝고 화려한 색상의 커튼, 러너, 그림액자 등은 가정적이면서 밝은 실내 분위기를 자아낸다.

바닥과 가구에 목재를 사용하여 부드럽고 따뜻한 분위기이며, 실내에 단차가 없다. 침대 높이에 맞는 낮은 높이의 넓은 창이 있으며, 창턱에는 식물이 놓여 있다. TV와 의자, 테이블, 오디오를 설치하여 휴식공간으로 사용할 수 있도록 하였다.

개수대의 수전은 레버 형태이어서 사용하기 쉬우며, 상부수납장은 높낮이를 조절할 수 있다. 단, 개수대 하부는 여유공간이 없어서 휠체어 사용이 불편하다.

거주실 부속화장실에는 문턱이 없으며, 미닫이문이기 때문에 열고 닫기가 쉽다. 부속화장실은 넓은 편으로 사용하기 편하며 세면대, 양변기, 커튼이 있는 샤워공간, 샤워의자, 수납장이 설치되어 있다. 샤워커튼은 거주실마다 무늬와 색이 다르며, 양변기 덮개를 파란색으로 하였고 벽에 대비색인 붉은색 타일로 가로선을 두어 노인의 공간지각을 용이하게 하였다.

공용거실 겸 식당

공용거실 겸 식당은 한 공간이지만 수납가구, 냉장고, 직원코너 등으로 분리되어 있으며, 천장은 높으나 경사지붕이어서 아늑하다. 가구는 가정용 수납장, 다양한 형태의 의자, 스탠드 등을 설치하여 부드러운 분위기이다. 조명은 전체조명과 국부조명을 사용하고 있으며, 정원으로 전면 창이 있어 외부의 조망을 관찰하기 좋으며 실내가 밝다. 창에는 커튼을 사용하여 빛을 조절한다. 공용거실에서 정원으로 직접 나갈 수 있다. 벽과 천장에는 고명도의 흰색을 사용하였고, 바닥은 목재이다. 화분, 그림액자 등 시각적 자극물을 제공하여 정서적으로 풍부한 공간을 만들었으며, 또 치매노인의 치유에 효과적인 것으로 알려진 직물로 만든 인형을 의자나 소파 위에 두었다.

5. 화분, 커튼, 그림 등으로 따뜻하게 꾸민
   침실영역
6. 집에서 사용하던 가구가 배치된 거실영역
7. 거주실 전실의 붙박이장과 보행보조기
8. 거주실 부속화장실의 세면대와 주변 용기
9. 큰 창이 있어 넓어 보이는 공용거실 겸 식당
10. 공용거실 겸 식당의 직원코너

공용식당은 소규모로 나누어 앉을 수 있도록 식당과 의자가 배치되어 있다. 한쪽 벽면에는 일자형 개수대가 설치되어 있으며 국부조명을 사용하여 밝다. 개수대 수납장의 문과 중간 벽은 엷은 노란색이며, 식탁보와 냅킨은 노란색과 대비되는 푸른 계통을 사용하여 명랑하고 선명한 이미지를 표현하고 있다. 의자와 테이블은 목재로, 모서리는 모두 둥글게 처리되어 부드러운 분위기이며 사용 시 안전하다. 또 의자에 바퀴가 있어서 이동이 쉬우며, 방향전환이 용이하여 여러 가지 상황에 대응하여 편리하게 사용할 수 있다.

복 도

건물의 주 출입구에서 들어오는 복도와 거주단위 내부 복도의 바닥처리를 뚜렷이 구분하여 식별성을 높였다. 의자와 소파가 복도 여러 곳에 놓아 노인들이 걷다가 잠시 쉴 수 있도록 하였으며, 다양한 문양과 다양한 색채의 커튼, 액자, 조명 등으로 지루할 수 있는 긴 복도를 쾌적한 분위기로 만들었다.

정 원

공용거실이나 복도에서 옥외정원과 중정으로 쉽게 나갈 수 있도록 단차가 없으며, 유도블록이 깔려 있다. 정원에는 캐노피, 파라솔이 있어서 비, 눈, 햇볕을 피할 수 있으며, 앉아서 쉴 수 있는 정원용 테이블과 의자를 배치하였다. 정원에는 울타리가 있어 안전성을 높여 주며, 어두운 경우나 야간 시 사용가능한 조명등을 설치하였다. 조명에 대하여 신경 쓰는 것은 북유럽에 속해 있는 스웨덴의 계절변화 중 백야현상을 고려해야 하기 때문이다.

11. 정원 출입문 상단부에 있는 손잡이와
　　잠금장치
12. 공용식당의 직원코너
13. 따뜻한 분위기의 공용식당
14. 바퀴달린 식탁의자
15. 치유효과가 있는 인형이 놓인 의자
16. 폭을 넓게 하여 소파와 의자를 배치한
　　거주실 앞 복도
17. 쉴 수 있는 가구가 잘 배치된 옥외정원

지원 · 관리영역

직원실

사무실, 직원스테이션과는 다른 용도의 독립된 직원실이 있다. 효율적인 업무처리와 문서보관, 자료정리를 위해 적절한 사무용 가구를 설치하였다.

세탁실 및 소독실

세탁실에는 세탁기, 세탁물보관함, 붙박이 수납장이 있으며 작업공간의 쾌적성을 위하여 채광과 환기, 조망이 가능한 큰 창을 설치하였다. 시설 내 별도의 소독실이 세탁실과 인접해 있다.

18. 아름다운 정원이 보이는 공용거실 겸 식당
19. 자료정리 및 문서보관을 위한 직원실

3

소피엔보어케어센터
Plejecentret Sophienborg

소재지 덴마크 힐레뢰드(Axel Jarls Vej 2-12 / 3400 Hillerød, Denmark) ▮ **시설유형** 일반 노인용 그룹홈과 치매
노인그룹홈의 복합형 ▮ **정원** 24명 ▮ **개원년도** 2004년 ▮ **운영자** 지방자치정부와 힐레뢰드 노인주택조합 직영
대지면적 5,000m² ▮ **건축특성** 지상 1층

Denmark

코펜하겐 근교 중소도시 힐레뢰드에 위치한 소피엔보어케어센터는 일반 노인을 위한 그룹홈과 치매노인을 위한 그룹홈이 복합
운영되고 있다. 5,000m² 규모의 부지에 총 60가구가 거주할 수 있는 주택이 일반치료센터, 운영센터와 함께 배치되어 있다. 치매
노인그룹홈은 3개 동으로 되어 있으며, 건물마다 이름을 가지고 있다. 치매노인그룹홈의 각 주거동의 정원은 8명으로, 공용거실
및 식당과 1인용 거주실로 구성되어 있다. 거주실은 전실, 간이부엌, 거실영역과 취침영역, 부속화장실이 한 공간에 계획된 원룸
형식이다. 거주노인들은 개인 소유의 평상복을 입고 침대를 제외한 개인 소지품들을 가지고 들어와 생활한다.

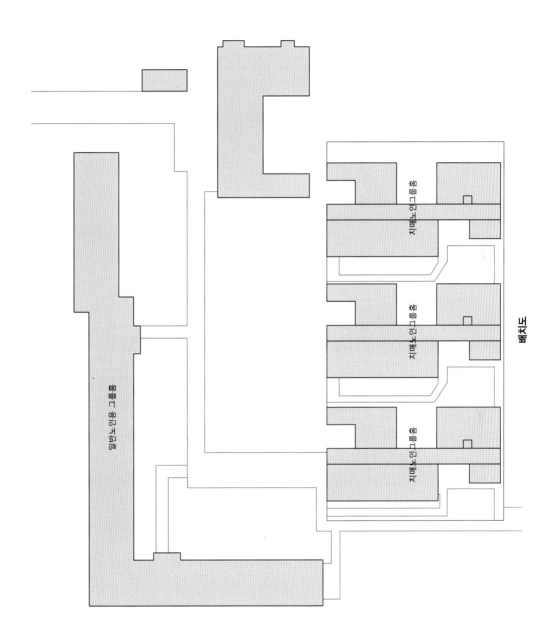

치매노인그룹홈

치매노인그룹홈

치매노인그룹홈

일반노인용그룹홈

배치도

공간배치 특성

유리문으로된 출입구와 전실을 지나 내부로 들어가면 공용거실 겸 식당, 사무실로 구성된 공동생활공간이 있다. 이 공간을 지나면 긴 복도가 시작되는데, 복도 좌우에 거주실 및 직원공간이 배치되어 있다. 복도 끝에는 외부의 정원과 연못이 보이는 전망 좋은 소규모 거실이 배치되어 있고, 거주실과 개방적인 구조로 연결되어 있어 거주노인의 고립감을 해소할 수 있다.

거주영역

각 거주단위는 거주실 8개가 복도를 중심으로 좌우로 배치되어 있으며, 공용거실 겸 식당, 알코브 형태의 소규모 공용거실로 구성되어 있다.

거주실

각 거주실은 현관, 수납공간의 기능을 하는 전실, 간이부엌, 거실 겸 침실, 화장실이 한 공간에 배치되어 있다. 정사각형의 거실 겸 침실은 침대를 제외한 모든 가구와 장식품들이 노인이 집에서 사용하던 것을 그대로 옮겨온 것이기 때문에 가정적인 분위기를 유지하고 있다. 가구의 종류는 거주노인마다 다르나 기본적으로 2~3인용 소파, 1인용 안락의자, 간이책상, 장식장, TV, 간단한 사이드 테이블 등이며, 경우에 따라 피아노를 배치하기도 한다. 장식품 가운데는 가족들의 사진 액자가 가장 많고, 실내의 분위기를 부드럽게 만들어주는 그림 액자, 자수 등이 큰 비중을 차지한다.

연간 일조량이 부족한 북유럽 덴마크의 자연 특성을 고려하여 거주실에 큰 창을 설치하여 자연채광을 최대한 활용하도록 했으며, 전반적인 색채계획도 빛 반사가 큰 밝은 파스텔 계통을 사용했다. 두꺼운 커튼은 빛의 양을 조절하고, 보온 효과를 높이기 위해 설치하였다.

거주실 평면도

1. 유리문으로 된 주 출입구와 전실
2. 옷걸이와 우편함이 있는 주 출입구
3. 노인이 사용하던 것을 그대로 옮겨온 거
   주실의 가구
4. 접이식 안전손잡이가 설치된 양변기
5. 높이조절이 가능한 세면대
6. 인지도가 높은 색채를 사용한 거주실 문

3.1

3.2

3.3

4

5

6

거주실 부속화장실은 휠체어뿐 아니라 목욕 침대가 들어갈 수 있을 정도로 넓다. 양변기의 좌우에 접이식 안전손잡이를 설치했으며, 양변기를 잘 인식하게 하기 위해 주변 타일의 색상에 변화를 주었다. 세면대는 높낮이 조절이 가능한 제품으로, 하부에는 휠체어 사용 공간이 충분히 확보되어 있다. 샤워 시에는 샤워의자를 사용하며, 개인 소지품을 보관할 수 있는 수납장이 벽에 부착되어 있다.

공용거실 겸 식당

공용거실 겸 식당은 건물에 들어서서 가장 먼저 접하게 되는 공간이다. 색상은 백색을 기본으로 문, 벽체의 일부분 등에 빨간색의 포인트 색상을 칠해 생동감을 주었다. 가구는 일반 가정에서 사용하는 목재 가구이며, 좌판과 등받이 쿠션에 강한 원색의 직물을 사용함으로써 밝고 따뜻한 분위기를 조성하였다. 커다란 홀 가운데에 식사를 비롯하여 다양한 공동활동을 할 수 있는 8~10인용 크기의 식탁이 놓여 있고, 정원이 보이는 창가에는 소파와 티 테이블 등의 휴식용 가구가 배치되어 있다.

거주실이 위치한 긴 복도를 지나면 또 다른 공용거실이 있다. 벽은 공용거실 겸 식당과 같은 붉은색이며, 가정적인 가구와 장식물들이 배치되었다.

부엌은 건물 내 음식의 조리가 한꺼번에 이루어지는 곳으로 직원만 사용할 수 있도록 평상시에는 출입을 통제하고 있으며, 직원공간과 부엌이 연결되어 있어 직원이 편리하게 이용할 수 있다.

복 도

천장이 높은 긴 복도에는 고창이 설치되어 채광이 좋으며, 벽에는 노인의 관심을 끌 수 있는 여러 가지 장식물이 설치되어 있다. 거주실문과 주위에는 원색을 사용하여 노인의 인지도를 높였다.

7. 창가에 휴식용 가구가 놓여 있고 중정으로 통하는 문이 있는
   공용식당
8. 출입구에서 보이는 공용거실 겸 식당
9. 왼쪽의 직원실로 통하는 문이 있는 부엌
10. 높은 천장과 고창이 있어 밝은 거주실 복도
11. 복도 끝 알코브에 위치한 공용거실

정 원

정원은 2개의 주거동 사이에 위치하고, 거주실의 큰 창을 통해 보이며 거주실에서 바로 정원으로 나가 산책을 즐기거나 이웃 거주노인들과 담소를 나눌 수 있다. 주거동 주변의 조경도 잘 되어 있는데, 위치에 따라 작은 연못을 배치해 놓고 창을 통해 실내에서도 물이 흐르는 모습을 바라볼 수 있게 하였다. 전반적으로 실내에서도 다양한 자연의 모습을 쉽게 감상할 수 있다.

지원 · 관리영역

사무실

공용식당 겸 거실이 있는 공간 입구에 사무실이 배치되어 있다. 외부에 면한 벽 전체가 큰 창으로 되어 있어 사무실 안에서 주 출입구 쪽과 그 주변이 그대로 보이는 구조가 특징적이다. 사무실에서 직접 건물 외부로의 출입이 가능해 거주노인의 출입 통제와 감시, 주변에서 일어날 수 있는 각종 비상 상황에 대한 빠른 대처가 가능하다.

12. 주거동 사이에 위치한 중정
13. 담 아래로 조성한 장방형의 수공간
14. 노인들이 정원에 앉아 담소를 나눌 수 있는 야외용 가구

4 스트란드막스하븐
Strandmarkshaven

소재지 덴마크 타브레케르스베(Tavlekærsvej 164-166, Denmark) **ㅣ 시설유형** 노인요양시설과 커뮤니티센터의 복합형
정원 73명 **ㅣ 개원년도** 1987년 (1997년 증축) **ㅣ 운영자** 지방자치정부 직영 **ㅣ 건축특성** 지하 1층, 지상 3층

Denmark

스트란드막스하븐은 코펜하겐 근교의 일반주거지역 내에 위치한 노인주거시설로 지방자치정부에서 개설하여 직영으로 운영하고 있다. 노인요양시설과 커뮤니티센터가 함께 있는 복합형의 실비요양시설로, 거주노인의 50%가 치매이다. 커뮤니티센터는 공용거실 겸 식당, 다목적홀, 물리치료실, 취미활동공간 등 다양한 공간으로 구성되어 있으며, 노인요양시설의 거주노인이 이용할 뿐 아니라 지역사회 주민들에게도 개방되어 있다. 100여 명의 직원들이 청소, 식사 등 시설 내 모든 서비스들을 제공하고 있다.

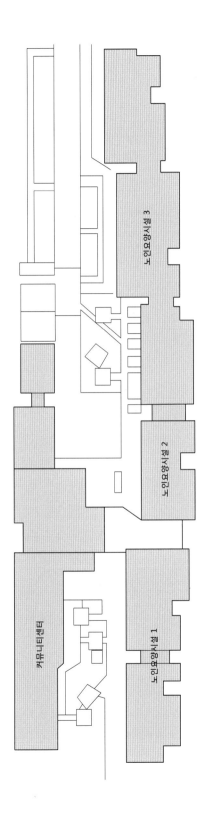

커뮤니티센터

노인요양시설 1

노인요양시설 2

노인요양시설 3

배치도

공간배치 특성

2층으로 된 6개의 거주단위로 구성되어 있으며, 각 거주단위는 독립된 형태로 분리되어 있으면서 통로를 통해 일직선으로 연결되어 있다. 건물은 −자 형태의 중복도형으로, 개인생활영역인 거주실 6개와 공동생활영역인 공용거실 겸 공용식당, 직원실 등이 서로 마주보도록 배치되어 있다. 모든 거주실은 시설 안쪽의 정원을 향하고 공동생활영역은 시설 바깥의 도로 쪽에 배치하여 외부 소음이나 시선으로부터 거주실을 보호하고 있다.

거주단위를 연결하는 통로의 출입구를 통해 들어가면 각 주거동으로 들어가는 출입문이 나타난다. 거주단위 연결통로의 주 출입구 앞에는 비, 바람 등을 피할 수 있도록 캐노피가 있고 벤치, 테이블, 의자, 화분, 파라솔 등이 놓여 있는데, 연결통로마다 각기 다른 형태로 되어 있다. 각 주거동의 연결통로는 비교적 넓고 천장이 높은 방풍공간으로 우편함, 공중전화기, 의자, 안내표식, 그림, 화분 등이 놓여 있다.

거주영역

6명의 노인이 하나의 소규모 거주단위를 형성하여 가족과 같은 공동생활을 하고 있다. 거주단위는 1인이 사용하는 거주실 6개, 공용거실, 공용식당으로 구성되어 있다. 특히, 증축된 주거동은 노인의 치매 정도, 건강상태에 따라서 2개의 집단으로 분리하여 생활하고 있는데, 2층에는 중증 치매노인들만 거주하고 1층에는 경증 치매노인과 건강이 좋지 않은 노인들이 함께 생활한다.

거주실

거주실은 침대가 있는 취침영역과 휴식용 가구들을 둔 거실영역이 하나의 공간으로 연결된 원룸형태로, 부속화장실이 설치되어 있으며 거실영역에서 발코니 출입이 가능하다. 거주노인은 자신이 쓰던 개인 가구들과 물품으로 개성 있는 공간을 만든다. 외부로 향한 큰 창이 있어 채광과 조망이 좋으며, 작은

1. 주거동의 외관
2. 우편함, 공중전화, 의자 등이 배치된 주거동의 연결통로
3. 캐노피가 있고 벤치, 의자, 테이블, 파라솔을 두어 휴식공간으로 사용하는 주거동 연결통로의 출입구
4. 바닥에 매입되어 사고나 통행에 불편을 주지 않는 출입구 안쪽의 바닥 매입형 매트
5. 나무 울타리가 있어 외부 통로에서 안이 보이지 않는 거주실

발코니를 두어 외부로 나갈 수도 있다. 특히 1층은 키 작은 나무 울타리가 있어 개인정원처럼 보이며, 외부의 시선을 차단하여 거주실 내 생활을 보호한다. 취침영역의 침대는 시설에서 제공하는 것으로 이동과 높이조절이 가능하며 이불, 테이블, 기타 장식품은 노인의 개인물품이다. 실내에는 단차가 없으며, 바닥은 목재로 되어 있다. 또한 카펫을 사용하고 있으며, 조명은 거주노인이 원하는 위치에 설치할 수 있도록 되어 있다.

거주실의 거실영역은 TV, 의자, 테이블, 소파, 오디오, 수납장, 조명기구 등 노인이 예전에 사용하던 것을 다양하게 배치하여 휴식공간으로 사용한다. 노인이나 가족의 사진, 장식품, 그림 등을 전시하고, 국부조명인 팬던트와 테이블 스탠드를 사용하고 있다. 거실영역에서 옥외공간으로 바로 나갈 수 있는 유리문이 있으며, 낮고 커다란 창이 있어 채광과 조망이 좋다. 거주실 출입구와 거실영역 사이의 통로공간에는 붙박이수납장과 냉장고가 설치되어 있다.

거주실 부속화장실은 출입구 쪽에 위치하며, 넓은 미닫이문이고, 바닥에 문턱이나 단차가 없다. 양변기의 안전손잡이는 접이식이며 앞쪽에 휴지걸이가 있어 쉽게 사용할 수 있다. 샤워걸이가 부착되어 있으며, 샤워기 옆에 안전손잡이와 샤워커튼이 있다. 거주실마다 부속화장실의 크기, 세면대와 양변기의 모양과 위치, 거울 높이 등이 다르다.

공용거실

공용거실은 공용식당과 분리되어 있으며 주로 차를 마시는 공간으로 사용한다. 소규모의 공용거실에는 테이블, 의자, TV, 장식장, 수납장, 시계, 장식품, 화분 등을 설치하였으며, 혼자 또는 2~3명이 함께 앉을 수 있도록 테이블과 의자를 다양하게 배치하고, 테이블마다 팬던트조명을 두어 편안한 분위기이다. 창이 넓어 채광과 조망이 좋으며, 간이부엌이 있다. 간이부엌에는 수납장, 작업대, 전기스토브, 전자레인지, 커피포터 등 다양한 부엌용품들이 있으며, 높이조절이 가능한 작업대를 공용거실 쪽으로 설치해 직원과 거주노인이 쉽게 대화할 수 있도록 되어 있다. 공용거실은 각 층마다 다른 형태로 되어 있다.

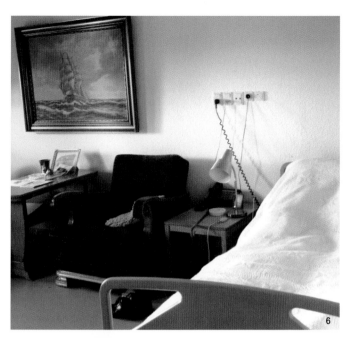

6. 거주실의 취침영역
7. 거주노인의 개인가구, 장식품, 사진들로 꾸며진 거실영역
8. 양변기, 세면대, 서랍장이 있는 거주실 부속화장실
9. TV, 의자, 테이블을 배치한 공용거실
10. 거주단위마다 다른 공용거실

공용식당

공용식당은 거주단위마다 있으며, 공간의 크기와 위치, 테이블과 의자, 식탁보 등을 서로 다르게 하여 개성 있는 분위기를 만들고 있다. 2층 거주단위에 있는 공용식당의 테이블과 의자들은 옥외공간을 조망할 수 있도록 —자형태로 배치하고, 다른 쪽 벽면에는 수납장과 작업대를 두었다. 테이블마다 팬던트를 설치하고 화사한 꽃무늬의 테이블보와 커튼을 사용하여 즐거운 식사분위기를 연출하고 있다. 그러나 천장의 텍스, 합성수지 비닐, 페인트 등의 마감재료와 긴 직사각형의 공간은 —자형의 가구배치와 더불어 공용식당을 시설적인 분위기로 만들고 있다. 공용식당 내 간이부엌에는 작업대와 수납장을 두고 냉장고와 전자레인지 등의 가전기기들은 분리된 방에 따로 설치하고 있다.

복도

복도 양쪽 벽면에는 안전손잡이가, 출입문에는 킥보드가 설치되어 있으며, 복도 중간마다 거주노인들이 옛날을 회상할 수 있는 그림이나 장식장, 의자, 테이블 등의 가구를 배치하고 있다. 그러나 복도 중간에 배치된 의자, 테이블 등은 안전손잡이를 사용해야 하거나 휠체어를 이용하는 거주노인들에게는 장애물이 된다. 복도가 꺾이는 끝부분은 공간이 넓어 의자와 테이블을 두어 2~3명의 거주노인들이 쉴 수 있게 하였다. 그리고 복도에 창이 있어 채광이 좋아 비교적 밝은 편이나, 긴 중복도 형태와 천장의 텍스, 합성수지 비닐계 바닥재는 시설적 느낌을 강하게 준다.

지원 · 관리영역

사무실

거주단위마다 독립된 사무실이 있으며, 앞마당을 향하는 큰 창이 있어 채광과 조망이 좋아 직원들이 쾌적한 환경에서 업무를 볼 수 있다. 사무실의 출입문은 열려 있어 직원들이 거주노인의 상황을 쉽게 파악할 수 있으며, 의약품 등 관리가 필요한 물품들을 보관하는 공간은 사무실 안에 따로 위치하고 있다.

11. 높이조절이 가능한 공용거실 내 간이부엌의
    작업대
12. 공용식당의 식탁과 의자
13. 끝부분에 의자와 테이블을 두어 쉴 수 있 는
    공간을 마련한 복도
14. 안전손잡이를 잡고 이동하는 거주노인에게
    장애물이 되는 복도의 가구들
15. 사무실 내부

덴마크 · 스웨덴 · 네덜란드의 노인요양시설

리넨실/세탁실 겸 건조실

1층 리넨실은 세탁실 겸 건조실에 인접해 있어 직원의 작업동선을 줄일 수 있다. 리넨실에는 여러 크기의 세탁물 및 노인용품들을 보관할 수 있는 선반과 수납공간이 있으며, 외부로 향한 창이 있어 매우 밝고 환기도 잘 된다.

커뮤니티센터

커뮤니티센터는 독립된 건물로 되어 있으며 노인요양시설과 연결통로가 있어 거주노인들이 쉽게 이용할 수 있다. 실내공간은 세로축으로 오른쪽에는 공용식당과 부엌이 있고, 왼쪽에는 취미활동실과 건강관리실/물리치료실을 둔 T자형 공간배치이다. 각 공간들을 외부공간과 접하도록 바깥쪽으로 배치하고 복도를 안쪽으로 배치하였는데, 높고 경사진 형태의 천장이 평평하고 낮은 복도와 구분되며 색채를 다르게 하여 공간의 식별성을 높이고 있다. 특히 공용거실과 취미활동실의 경우, 벽이나 문으로 공간을 분리하지 않고 기둥, 천장높이, 바닥의 패턴과 색, 가구배치 등을 달리하여 복도와 쉽게 구분된다. 이는 사람들이 자유롭게 출입하고 직원이 노인의 움직임을 관찰할 수 있으면서도 공간의 독립성을 확보할 수 있는 계획이다.

커뮤니티센터의 주 출입구 앞에는 넓은 캐노피가 설치되어 있어 비, 바람, 햇빛 등을 피할 수 있으며, 커뮤니티센터 옆의 노인요양시설과 연결되어 거주노인들이 외부 통로를 통해 센터로 쉽게 이동할 수 있다. 그리고 주 출입구 앞에 벤치, 의자, 테이블을 두어 쉴 수 있는 공간을 마련하고 있으며, 외부공간과의 단차가 없어 쉽게 들어갈 수 있다.

공용거실

커뮤니티센터의 공용거실은 복도로 열려 있는 개방공간으로, 소규모의 앉는 공간들이 분산배치되어 있다. 거실에는 다양한 형태의 의자들이 있으며, 바닥 패턴과 색, 선, 보라색 기둥으로 복도와 구분하고 있다. 외부공간과 접하는 곳을 온실처럼 천장 일부와 벽 전체를 유리로 하였다.

16. 리넨실 내부

17. 커뮤니티센터 주 출입구 옆에 비치된 벤치

18. 복도로 열려 있는, 커뮤니티센터의 공용거실

공용거실은 복도와 개방되어 있어 어디서든지 쉽게 출입할 수 있으나 복도 바닥을 선명한 코발트색의 선으로 구분하고 있다. 바닥재의 색과 패턴, 기둥의 보라색 등으로 공용거실의 영역성과 독립성을 확보하고 있다. 또 천장이 경사진 형태이어서 복도의 평평한 천장과 쉽게 구분된다. 특히 경사진 천장은 일반주택과 같은 느낌을 주어 편안한 분위기를 연출한다. 2~4명 정도 앉을 수 있는 소규모공간을 다양한 형태로 여러 곳에 분산배치하고 있다. 다양한 크기의 목재 테이블과 여러 형태의 코발트색 의자가 공용거실을 더욱 밝고 경쾌하게 한다. 외부공간과 접하는 곳은 온실처럼 천장 일부와 벽 전체가 유리로 되어 채광, 조망, 냉난방 효과를 극대화하고 있다. 그리고 산세베리아 화분들이 유리벽을 따라 배치되어 실내공기 정화에 효과적이다.

공용식당

공용식당은 커뮤니티센터에서 규모가 가장 큰 공간으로, 노인요양시설의 행사뿐 아니라 지역사회 주민들에게도 대여한다. 경사진 천장은 공용식당을 매우 활기차고 흥미로운 공간으로 만들고 있다. 특히 천장이 제일 높은 곳은 두 개의 층으로 구성하여 공간의 변화를 주고 있으며, 상부공간에 고창을 두어 자연광을 유입하였다. 거실과 마찬가지로 외부공간과 접하는 곳에 온실과 같이 천장 일부와 벽 전체를 유리로 하여 채광과 조망이 매우 좋다. 그리고 유리벽 주변으로 화분을 두어 편안한 분위기이다. 공용거실과 같이 밝은 색의 목재 테이블과 코발트색의 의자들을 두었으며, 흰 색상의 구 형태 팬던트들을 천장에 매달아 흥미로움을 더해 주고 있다. 배식을 위한 카운터와 간이부엌이 있으며, 행사에 용이한 그랜드피아노와 이동식 테이블이 있다.

부 엌

150명의 식사를 준비할 수 있는 넓은 부엌은 노인요양시설 거주노인들의 식사를 모두 만든다. 특히 공용식당과 인접하여 음식을 쉽게 이동할 수 있다. 부엌의 내부는 넓은 창으로 유입되는 자연광으로 인해 매우 밝으며, 환기가 잘 되어 냄새가 없고 위생적이다.

19. 큰 창이 있어 밝은 공용식당의 내부
20. 공 모양의 펜던트와 벽 장식물로 흥미로움이 연출된 공용식당
21. 코발트색 카운터와 간이부엌이 있는 공용식당

취미활동실

취미활동실은 직조 및 바느질을 위한 직조실과 염색이나 채색을 위한 염색실로 구성되어 있다. 직조실은 커뮤니티센터의 공용거실과 연결되어 있으며, 공용거실과 마찬가지로 벽과 문이 없고 복도와 개방된 형태로 되어 있으나 보라색 기둥, 코발트색 바닥선, 바닥재의 패턴과 색을 달리 하여 공간이 분리되어 보인다. 직조기의 작업용 의자는 높이조절이 가능하고 바퀴가 있어 편하게 작업할 수 있다. 벽면에는 작업 물품들을 수납할 수 있는 수납장이 있고 소품이나 재료를 전시하였다. 경사진 천장으로 되어 있으며, 외부공간과 접하는 부분 전체를 유리로 하여 매우 밝고 조망도 좋다. 조명은 여러 형태의 팬던트가 이용되며 직조기 바로 옆에 작업등을 부착하였다. 작업실 복도에 작품을 전시하고 있으며 의자를 두어 쉬는 공간을 마련하였다.

염색실도 복도로 개방된 형태이지만 직조실과 유사한 방법으로 영역을 표시하고 있다. 작업 테이블과 높이조절이 가능한 의자, 바퀴가 있는 테이블, 바퀴달린 의자가 있고 작업대 위에 팬던트를 설치하여 작업하기 적절한 밝기를 유지한다. 양쪽 벽에는 물품 수납장과 선반들이 있으며, 하부 수납장은 바퀴가 있어 이동이 편리하다. 개수대가 설치되어 있으며 복도에는 작업실에서 만든 작품들을 전시하고 있다. 이곳에서 만들어진 작품들은 판매하기도 한다.

건강관리실 겸 물리치료실

건강관리실 겸 물리치료실의 출입문을 열고 들어가면 직원실과 보행연습기기 등이 있는 넓은 공간이 있다. 이곳은 평평하고 낮은 천장으로 되어 있어 다른 공간과 구분된다. 안쪽으로 들어가는 2개의 출입구에는 문이 없으며, 한쪽은 침대가 있는 건강관리실, 다른 쪽은 기구들이 있는 물리치료실이다. 2개의 출입구를 통해 들어가면 건강관리실과 물리치료실이 하나의 공간으로 되어 있다. 경사진 높은 천장은 공간을 더욱 넓어 보이게 하며, 창들이 많아 매우 밝고 쾌적한 분위기이다. 창에는 코발트색의 커튼을 설치하였고, 기구들 앞에는 기능에 따라 다양한 형태의 의자들이 있다. 물리치료실의 침대는 매우 넓으며 침대 주변에 커튼을 칠 수 있다.

22. 기둥, 바닥의 선과 패턴, 천장 모양으로 영역을 표시한 직조실
23. 직조기와 높이조절이 가능한 의자가 설치된 작업실
24. 작품 전시용 테이블과 게시판이 설치된 복도
25. 넓은 창이 있어 밝고 조망이 좋은 염색실
26. 바퀴달린 하부수납장과 의자
27. 하나의 공간을 두개의 공간인 것처럼 보이게 계획한 건강관
    리실 겸 물리치료실
28. 건광관리실에 인접한 직원실

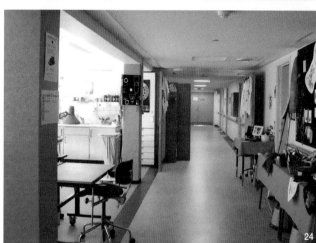

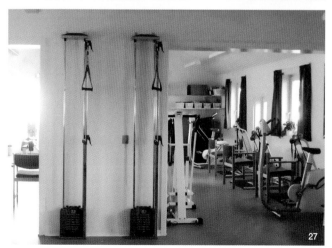

5

휴매니타스아크로폴리스
Humanitas–Akropolis

소재지 네덜란드 로테르담(Achillesstraat 290, 3054 RL Rotterdam, Netherland) **| 시설유형** 노인요양시설, 노인아파트, 커뮤니티센터의 복합형 **| 정원** 269명 **| 개원년도** 1971년 **| 운영자** 사회복지법인 **| 건축특성** 지상 12층

Netherlands

휴매니타스아크로폴리스는 노인요양시설, 노인아파트, 커뮤니티센터로 구성된 복합시설이며, 모든 케어 서비스는 거주노인의 요구에 따라 각기 다르게 제공된다. 거주노인은 자기 자신을 돌보는 데 책임을 지며 자기결정권이 존중된다. 과도한 케어를 지양함으로써 거주노인들이 되도록 스스로 생활하고, 증세가 더 호전되도록 유도한다.

애완동물을 키우는 것도 가능하다. 다양한 사람들이 함께 모여 살도록 하여, 장애가 있는 사람과 없는 사람, 소득수준과 성(性)적 경향(동성애자)이 다양한 사람들이 함께 생활하고 있다. 외부인도 함께 참여하는 식당, 바, 카드놀이 동호회, 전시회, 결혼 파티 등은 거주노인의 삶의 질을 높일 뿐 아니라, 지역사회 통합에도 큰 역할을 한다. 모든 아파트는 75㎡ 이상으로, 휠체어 사용이 가능하며 높이 조절이 가능한 부엌 작업대의 설치 등 노인에게 적합한 환경으로 설계되었다. 또, 옛 생활도구들이 전시된 상당한 규모의 박물관을 두어 방문한 가족들, 특히 손자녀와 흥미로운 대화를 나눌 수 있도록 하였다.

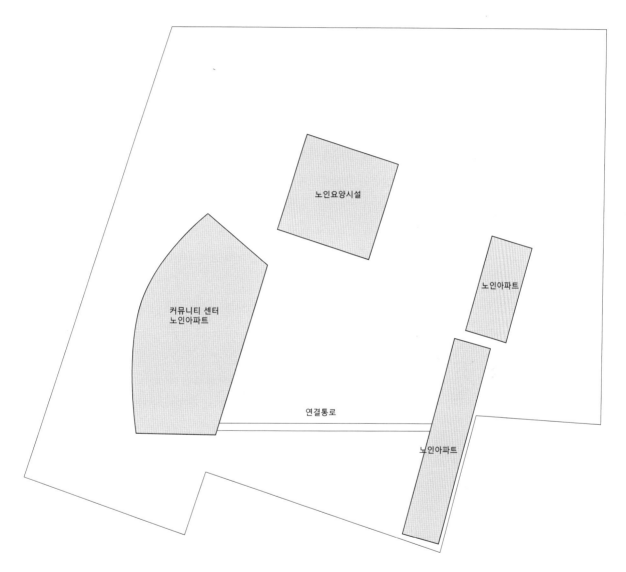

노인요양시설

커뮤니티 센터
노인아파트

노인아파트

노인아파트

연결통로

배치도

공간배치 특성

시설의 진입은 주차장에서 노인아파트 2동 사이의 브리지 아래를 지나 주 출입구로 접근하게 되는 특이한 방식을 취하고 있다. 방풍실이 상당이 크고 채광이 좋으며, 담소를 나눌 수 있는 공간과 휠체어와 지팡이가 전시된 공간으로 구성되어 있다. 시설 전체를 총괄하는 안내 데스크가 있어 방문객들이 안내를 받을 수 있다.

노인요양시설은 커뮤니티센터의 로비에서 엘리베이터로 연결되는데, 엘리베이터의 벽면 디자인이 거주노인과 방문자에게 즐거움을 준다. 노인요양시설은 정사각형 형태의 평면으로 중심 코어에 엘리베이터와 서비스공간이 있고, 거주실들은 외벽에 면하도록 배치되었다. 모든 거주실은 1인실이며 2개의 거주실이 현관과 부속화장실을 공유한다. 공용식당은 건물의 모서리 부분에 위치하여 전망과 채광을 최대한 확보하도록 하였다. 복도 끝에는 창이 있지만 비교적 어두운 편으로, 항상 천장등을 켜놓고 생활한다.

거주영역

거주영역은 2개의 거주실이 현관과 부속화장실을 공유하는 형태이다. 각 거주실은 취침공간 겸 거실공간(원룸형), 욕실로 구성되어 있다. 모든 거주실에 큰 창이 있어 빛이 잘 들고 전망이 좋으며, 거주노인이 가구와 장식물들을 가져올 수 있도록 하여 각 거주실마다 개성이 있다. 모든 공간은 무장애디자인(barrier—free design)공간으로 설계되었으나, 노인을 옮기기 위한 리프트는 이동식으로 하여 시설적 느낌을 감소시켰다. 거주노인의 이름과 방번호는 2인이 공유하는 현관문과 각 실 앞, 두 곳에 부착되어 있다. 각 거주실에는 별도의 초인종이 있어서 거주노인의 프라이버시를 존중하였다.

거주실

거주실은 원룸형으로 크기가 협소한 편이지만, 노인이 예전에 사용하던 가구

1. 주 출입구 전경
2. 선룸의 역할을 하는 방풍실
3. 로비의 안내데스크
4. 벽의 디자인이 흥미로운 엘리베이터 홀
5. 큰 창이 있는 거주실

와 물품들로 인해 개성적이다. 가구는 시설에서 제공하는 침대와 수납장, 노인이 가져온 수납장과 의자가 있다. 입주 시 침대도 가지고 들어올 수 있지만, 기능적 측면을 고려하여 대부분 시설에서 제공하는 침대를 사용하는 것을 선호한다. 침대는 목재 색상과 곡선형을 사용하여 대체로 가정적인 분위기이나 모든 거주실이 같은 천의 커튼으로 되어 있고 천장에 사용된 텍스로 인해서 다소 시설적인 분위기이다. 콘센트의 위치가 적절하여 몸이 불편한 거주노인도 사용하기 쉽다.

거주실 부속화장실은 2개의 거주실에서 함께 사용하도록 되어 있다. 화장실 내부는 충분히 넓고, 시각적으로 노인의 인지를 돕기 위해 양변기 주변, 샤워공간의 안전손잡이, 히터가 부착된 타올걸이, 콘센트 등이 크림색의 타일벽과 대조를 이루도록 선명한 초록색으로 하였다. 개인물품을 놓을 수 있는 선반, 샤워용 의자, 이동식 세탁물함, 빨간색 줄이 달린 비상연락장치가 설치되어 있다. 세면대의 수전은 레버식이고 세면대의 하부를 비워 휠체어의 접근이 가능하다.

공용거실 겸 식당

건강이 좋지 않은 거주노인도 되도록 공용거실 겸 식당에서 식사하도록 유도한다. 공용거실 겸 식당은 건물의 모서리 부분에 위치하며 두 면이 창으로 개방되어 있고, 고층건물이기 때문에 조망과 채광이 매우 좋다. 공용거실 내 간이부엌에는 작업대 하부공간을 확보하여 휠체어 사용 노인뿐만 아니라 방문가족들도 사용한다.

복 도

중복도식으로 한쪽에는 관리/직원공간, 다른 한쪽에는 거주실로 되었으며, 복도 끝부분에 창이 있기는 하지만 채광이 부족하여 항상 천장등을 켜놓고 생활한다. 벽에는 다양한 크기의 그림이 여러 점 걸려 있고, 곳곳에 담소를 나눌 수 있는 의자들이 있다.

6. 장식이 개성적인 거주실
7. 전망이 좋은 공용거실 겸 식당
8. 양변기에 설치된 휴지걸이가 달린 안전손잡이
9. 작업대 하부공간이 확보된 공용거실 겸 식당의 간이부엌
10. 창을 장식한 공용식당

노인아파트

노인아파트는 3개의 건물로 되어 있다. 중정을 사이에 두고 평행하게 배치된 두 건물을 창이 있는 구름다리로 연결하여, 날씨가 나쁠 때에도 이동이 편리하다. 모든 아파트의 넓이는 75m² 이상이고, 실내 전체에 단차가 없어 휠체어와 스트레처 사용이 가능하며, 부엌 작업대도 필요에 따라 높이를 조절할 수 있다. 화장실은 두 방향에서 들어갈 수 있으며, 휠체어나 스트레처 사용을 위해서 충분한 공간을 확보하는 등 노인에게 적합한 환경으로 설계되었다. A동은 가운데에 큰 아트리움을 두고 두 줄로 평행하게 주호가 배치되었다. 노인아파트 1층에는 외부인과 거주노인이 함께 식사할 수 있는 뷔페 식당과 사무실이 있으며, 2~7층은 거주노인들의 아파트이다. 노인들이 출입할 때에는 아트리움을 면하게 되므로, 어떤 활동이 일어나고 있는지 보고 참여할 수 있기 때문에 소외되지 않는다.

각 주호의 현관이 있는 복도는 큰 아트리움을 향하여 열려 있어 겨울철에도 야외에 있는 듯한 개방감을 느낄 수 있으며, 다른 사람들의 활동을 관찰할 수 있다. 각 주호 앞에는 휠체어를 보관할 수 있는 공간이 있다.

침 실

침실의 모든 가구는 거주자가 예전에 사용하던 것이다. 침실마다 큰 창이 있어 채광과 전망이 좋으며 각 실에서 발코니로 나갈 수 있다. 콘센트가 허리 높이에 설치되어 허리를 구부리지 않고도 사용할 수 있다.

거주실 부속화장실은 휠체어나 스트레처 사용이 가능할 만큼 넉넉한 크기이며, 접이식 샤워의자, 양변기, 샤워기 주변의 안전손잡이, 붉은색 줄의 비상연락장치, 레버식 수전 등 노인을 위한 시설이 잘 갖추어져 있다. 또한 부속화장실의 문이 부엌과 침실 양쪽에 있어서 편리하다. 야간에도 화장실을 사용하기 쉬우며, 방문객 침실을 통하지 않고도 화장실을 사용할 수 있어 프라이버시 유지가 가능하다. 노인요양시설과 달리, 안전손잡이의 색은 벽면색과 대비가 크지 않다.

11. 노인요양시설의 로비에서 진입이
    가능한 노인아파트 A동
12. 노인아파트 B동
13. 노인아파트 C동
14. 중정이 내려다 보이는 노인아파트
15. 노인아파트의 침실
16. 부엌과 침실 양쪽에서 접근이 가능한
    부속화장실

거실 겸 식당

거실 역시 거주노인이 사용하던 가구를 배치하여 편안하고 가정적인 분위기이다. 큰 창이 있어 채광과 조망이 좋으며, 창문 아래에 라디에이터를 설치하고 거실에서 발코니로 나갈 수 있다. 간이부엌은 현관 왼쪽에 위치하며, 창이 복도 쪽으로 나 있다. 개수대와 가열대가 있으나 대부분 1층의 뷔페 식당을 이용한다. 개수대 하부에 휠체어 사용을 위한 공간이 있고, 작업대의 높낮이 조절이 가능하다.

커뮤니티센터

커뮤니티센터는 노인요양시설과 노인아파트 A동 사이의 공간에 위치하며 노인요양시설의 엘리베이터 로비, 각종 편의시설, 노인아파트 A동 1층의 카페테리아를 연결하는 독특한 구조이다.

박물관

'주거공간 자료 박물관'은, 지하에 위치하는데, 거주노인들이 어릴 때 혹은 젊었을 때 사용하던 물건들을 다양하게 수집하여, 실제 방과 같은 크기에 과거의 생활모습을 전시하였다. 시설을 방문한 손자와의 세대 간 교류를 촉진하며 화제를 제공함으로써 좋지 않은 건강에 대한 부정적인 생각을 잊게 하는 데 효과적이다.

공용식당

A동 1층의 아트리움에 위치하는 공용식당은 거주노인과 지역주민이 함께 사용하고 거주노인의 요구에 따라 음식을 제공하는데, 음식의 맛과 질이 상당히 우수하다. 공용식당에서 외부 행사가 진행되기도 한다.

편의시설

1층에 잡화상점, 컴퓨터실 등 편의시설이 있어 거주노인과 지역주민이 함께 사용하며, 각종 판매행사가 열리곤 한다.

17. 노인아파트 거실
18. 식사 서비스가 제공되는 커뮤니티 센터의 공용식당
19. 노인이 어릴 적에 갖고 놀던 장난감으로 꾸민 박물관의 한 코너
20. 장신구 판매행사가 열리고 있는 로비
21. 거주노인과 지역주민을 위한 컴퓨터실

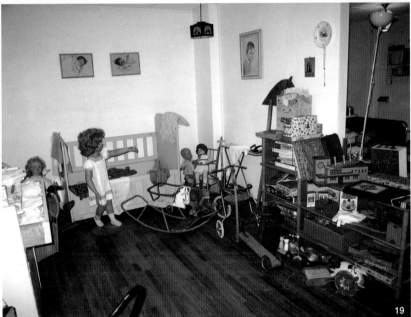

소피에룬드케어센터
Plejeboligerne Sophielund

소재지 덴마크 소피에룬드(Sophielund 85-91, 2970 Hørsholm, Denmark) Ⅰ **시설유형** 노인요양시설, 노인아파트, 커뮤니티센터 겸 치매정보센터의 복합형 Ⅰ **정원** 69명 Ⅰ **개원년도** 1995년, 2005년 증축 Ⅰ **운영자** 지방자치정부 직영 **대지면적** 5762m² Ⅰ **건축면적** 331m² Ⅰ **연면적** 1,153m² Ⅰ **건축특성** 지하 1층, 지상 3층

Denmark

소피에룬드케어센터는 일반주거지역 내에 위치한 대규모의 노인주거복합단지로, 그룹홈 형태의 거주단위로 구성된 노인요양시설 7개, 3가지 유형의 노인아파트, 커뮤니티센터 겸 치매정보센터가 단지 안에 있다. 1995년 개원 당시에는 3개의 거주단위가 있는 노인요양시설 구주거동뿐이었으나, 2005년 4개의 거주단위가 있는 노인요양시설 신주거동을 증축하였다. 거주노인 중 휠체어 사용자는 20%, 치매가 있는 노인은 80%이다. 1개의 거주단위에는 치매가 없는 노인들이 거주하며, 또 다른 1개의 거주단위는 단기거주용으로 운영된다. 또한 나머지 5개의 거주단위에는 치매노인들이 거주하고 있다.

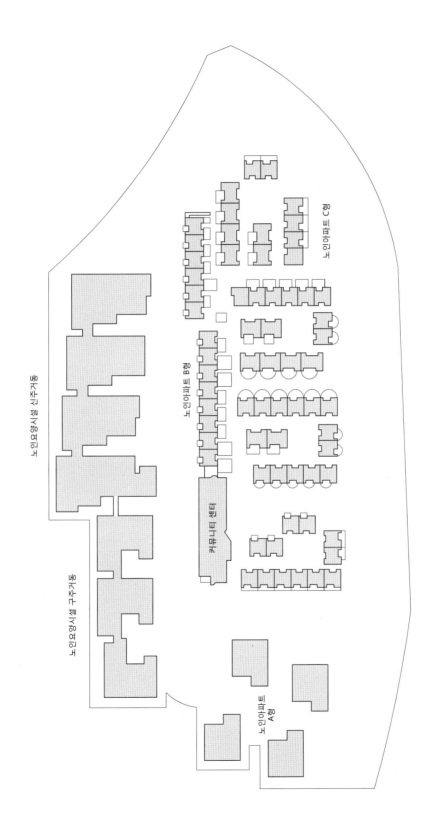

노인요양시설 신주거동

노인요양시설 구주거동

노인아파트 C형

노인아파트 B형

노인아파트 A형

커뮤니티 센터

배치도

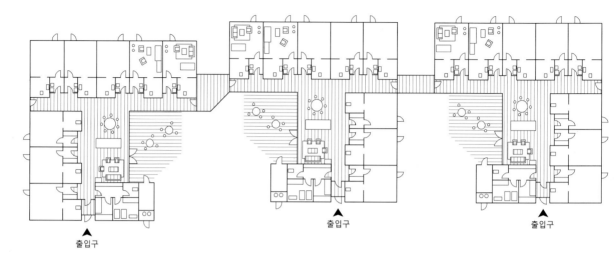

출입구

출입구

출입구

노인요양시설 구주거동 1층

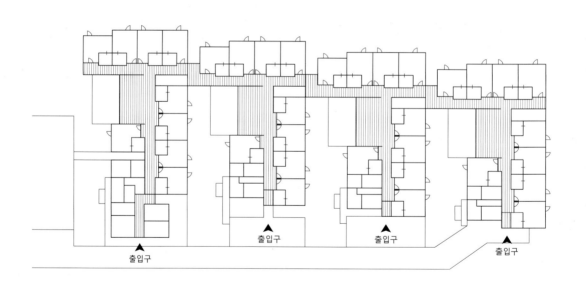

출입구

출입구

출입구

출입구

노인요양시설 신주거동 1층

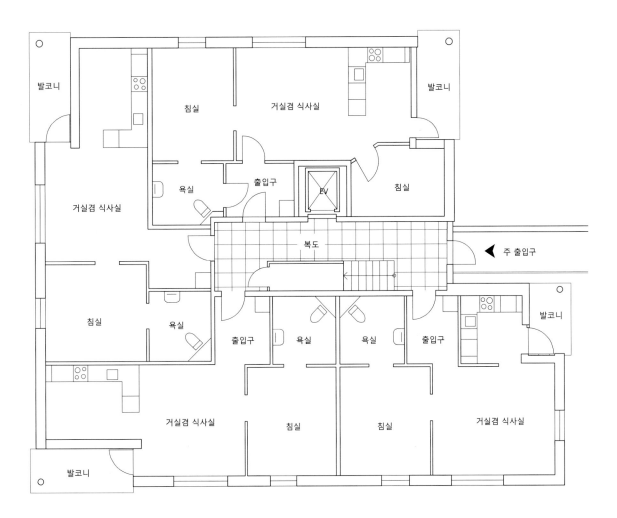

노인아파트 A형 평면도

공간배치 특성

노인요양시설의 신주거동(2005년 증축)은 4개의 거주단위, 구주거동은 3개의 거주단위로 구성되어 있으며, 복도로 연결된 형태이다. 각 주거동을 연결하는 복도는 직원의 작업공간으로 사용되고 있다.

외부로 나가는 문은 잠기지 않았으나, 위 아래 2개의 핸들을 동시에 돌려야 문이 열리므로 실질적으로는 노인들이 나가지 못한다. 정원으로 나가는 문은 개방되어 원하면 혼자서도 언제나 이용할 수 있다. 정원은 각 거주단위마다 따로 있으며, 담장이 설치되어 정원을 이용하는 노인들이 외부로 나갈 수 없다.

거주영역

거주영역은 1인용 거주실(31m²) 8개와 공용거실 겸 식당, 직원공간으로 이루어져 있으며, 거주실마다 부속화장실이 있다. 새로 증축한 주거동의 거주단위는 1인용 침실(42m²) 9개와 공용거실 겸 식당, 직원공간으로 이루어져 있다. 이 주거동에 있는 4개의 거주단위 중 하나는 단기거주(2~4주)로, 병원 퇴원 후 적응훈련이 필요한 노인들을 위한 공간으로 운영되고 있으나 임종을 맞이하는 노인들을 위한 호스피스의 기능도 겸하고 있다. 단기거주를 위한 거주단위의 거주실은 2인실로 되어 있다.

거주실

거주실은 침대가 있는 취침영역, 테이블·의자로 이루어진 거실영역, 입구 쪽 간이부엌, 부속화장실로 이루어져 있다. 정원으로 나가는 유리문이 설치되어 있어 채광과 조망이 좋으며, 미색의 커튼, 원목마루의 바닥재와 질감 있는 벽지로 마감되어 편안한 가정적 분위기이다. 옷장과 간이부엌 역시 목재로 되어 있어 편안함을 준다. 침대 위에서 부속화장실 앞까지는 천장 리프트가 설치되어 있으나 화장실 내부까지 연결되어 있지 않아 다소 불편하다. 조명은 거주실 주 출입구 쪽에 전체조명이 있어서 플로어 램프 등을 가지고 와서 설치한

1. 노인요양시설의 외관과 주 출입구
2. 노인요양시설의 건물배치
3. 2인용 거주실의 내부
4. 거주실의 거실영역
5. 거주실의 간이부엌

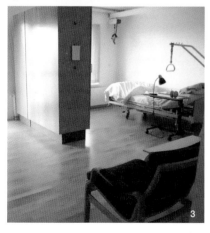

다. 단기거주로 사용되고 있는 거주실은 2인용으로, 천장 높이의 붙박이장을 가운데에 설치하여 2개의 공간으로 분리하고 있다. 현재 이용자가 많지 않아서 2인용의 거주실을 한 사람이 사용하고 있으며, 한 공간에는 침대를 두어 취침영역으로 사용하고 있다. 또 다른 공간에는 TV와 의자, 테이블을 설치하여 거실영역으로 사용한다.

거주실 주 출입구 쪽에 있는 간이부엌에는 냉장고와 개수대가 있으며 가열대는 없다. 부엌 작업대 아래에는 이동이 가능한 수납장을 두어 휠체어 사용자의 경우 하부공간을 충분히 확보할 수 있다.

거주실 부속화장실에는 상하좌우 조절이 가능한 세면대, 양변기, 샤워기가 설치되어 있다. 양변기 양쪽에는 접이식 안전손잡이가 있는데, 앞쪽에 휴지걸이가 있어 거주노인이 옆으로 몸을 돌리지 않고도 쉽게 휴지를 사용할 수 있다. 벽에 안전손잡이가 있으며, 이동식 샤워의자도 있다.

공용거실 겸 식당

공용거실 겸 식당은 아일랜드형 간이부엌을 공용거실과 공용식당 사이에 배치하여 공간을 분리하고 있다. 높고 경사진 천장은 개방감을 주며, 창이 많아 채광이 좋아 밝고 아늑한 분위기이다. 간이부엌은 상부수납장이 있어 공간이 분할되면서도 상부수납장과 개수대 상판 사이의 열린 공간으로 필요할 경우 서로를 관찰할 수 있다.

복 도

복도에 의자, 소파 등을 여러 곳에 배치하여 노인들이 쉴 수 있는 공간을 마련하고 있으며, 거주노인들이 가져온 소품, 새장, 어항으로 복도를 장식하고 있다.

6

6. 상하좌우로 조절이 가능한 세면대
7. 공용거실 겸 식당의 간이부엌
8. 공용식당과 겸용하는 공용거실
9. 치료효과가 있는 직물인형이 놓인 공용거실의 코너
10. 복도 곳곳에 분산배치되어 있는 휴식용 의자들

7

8

9

10.1

10.2

10.3

옥외정원

거주실과 공용거실 겸 식당에서 나갈 수 있는 옥외정원은 두 주거동 사이에 있으며 산책로와 벤치, 테이블 등이 있고 치매노인이 정원 외부로 나가는 것을 방지하기 위한 경량감 있는 흰색 철재 울타리가 있다.

지원·관리영역

사무실

노인요양시설 주 출입구 근처에 사무실이 위치하고 있어 시설을 출입하는 사람들을 관리할 수 있다. 사무공간과 직원사물함, 세탁공간이 서로 인접하게 배치되어 직원들의 업무를 지원하고 있다. 그리고 각 주거동 사이의 연결통로에 직원스테이션이 위치하고 있다. 두 공간 모두 빛이 충분히 들고 여유 있는 공간을 확보하고 있다.

노인아파트

단지 내의 노인아파트는 세 가지 유형으로 나누어진다. 노인아파트 A형은 3층의 직육면체 형태로 짧은 복도를 가운데 두고 각 주호들이 ㄷ자형으로 배치되어 있다. 노인아파트 B형은 커뮤니티센터 옆으로 연결된 2층 건물로 지형의 높이차를 이용하여 위, 아래 주호가 모두 지면에 면하도록 되어 있다. 노인아파트 C형은 단층주택 형태의 아파트로, 2개 또는 4개의 주호가 벽을 맞대고 중정을 둘러싸는 형태로 배치되어 있다.

노인아파트 B형의 경우 1개의 침실이 있으며, 출입구 쪽에 부엌이, 안쪽에 침실과 거실이 있고, 라지에이터로 난방을 한다. 화장실을 제외한 모든 바닥은 원목으로 되어 있으며, 벽은 백색 페인트로 마감되었다.

노인아파트의 특징은 3층 건물인 A형은 각 층이 엘리베이터와 계단으로 연결되지만 B, C형은 외부에서 바로 각 주호 출입구로 연결된다는 점이다. 즉, 2

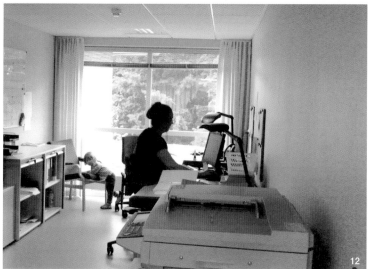

층의 노인아파트 B형은 지형의 높이차를 이용하여 위, 아래 주호가 모두 지면에 면하도록 되어 있으며, 2층의 아파트는 높은 대지면에서 다리가 각 주호의 출입문과 연결되어 있다. 출입구의 반대편 측은 2층이 되는데, 노인아파트 A형 평면도 파란색의 목재 난간이 있는 발코니가 있다. 아래쪽 주호는 다리 아래의 낮은 지면과 연결되는 출입문이 있으며, 채광과 통풍이 가능하다. 출입문 반대쪽의 경우 낮은 지면과 연결된다. 단층의 노인아파트 C형은 각 주호마다 출입구가 외부로 바로 연결되며, 각 주호의 출입구 벽과 문의 색은 다르다.

침 실

침실은 출입구의 반대편의 거실 옆에 있고, 창은 발코니 쪽으로 나 있는데 창이 공간에 비해 작은 편이다. 문은 미닫이 형태로, ㄷ자형 손잡이가 부착되어 있다.

욕 실

샤워기공간의 벽은 타일로 마감하고 세면대와 양변기 부분은 벽지로 마감하여 영역을 분리하고 있다. 곳곳에 안전손잡이가 있는데, 샤워기 옆에는 수직과 수평의 안전손잡이가, 양변기 양쪽에는 높이조절이 가능한 접이식 안전손잡이가 설치되어 있다.

   노인아파트 B형은 거실 겸 식당창이 출입구 반대편으로 나 있고, 발코니 쪽으로 연결되는 유리문이 있어서 채광이 잘 된다. 발코니에는 작은 창고가 있다.

부 엌

출입문 쪽으로 창이 있어 빛이 잘 들어오고, 집안으로 들어오는 사람을 볼 수 있다. 해치가 있어 거실 겸 식당으로 음식을 나르기 편리하며, 거실 쪽에 수납장을 설치하여 수납공간을 충분히 제공하고 있다.

16. 노인아파트 B형 2층 주호의 접근
    로인 다리
17. 노인아파트 B형의 외관
18. 노인아파트 B형의 부엌

커뮤니티센터

외관은 황색의 벽돌과 검은색의 삼각지붕, 진분홍색의 출입문이 있어 편안하면서도 생동감을 준다. 출입구 외부에 꽃화분들을 배치하여 환영하는 분위기를 조성하고 있으며, 추운 날씨를 고려하여 충분한 간격을 두고 이중의 중문을 설치하고 있다. 2층의 커뮤니티센터는 경사진 지형을 이용하여 모든 층에서 외부로 나갈 수 있다. 주 출입구가 있는 2층에는 로비, 카페, 공용식당, 공용화장실, 사무실이 있고 1층에는 상점과 취미실이 있다. 로비에는 커뮤니티센터를 이용하는 지역주민을 위해 그 달의 활동내용과 메뉴가 적힌 팸플릿이 놓여 있다. 층 전체에 숲을 연상케 하는 진한 푸른색의 기둥이 2열로 배치되어 삼각형의 지붕을 떠받치고 있다. 아래층으로 내려가는 계단 중간에는 이동하다가 잠시 쉴 수 있는 붙박이 벤치가 설치되어 있다. 1층에는 지역사회 노인들이 팔려고 내놓은 물건들을 전시하고, 작은 도서 코너와 여러 취미활동을 함께 할 수 있도록 테이블과 의자가 놓여 있다. 외부공간에도 테이블과 의자를 배치하고 있다.

커뮤니티센터의 주 출입구는 단차가 없어 외부에서 쉽게 접근할 수 있다. 주 출입구에는 외투를 걸어 놓을 수 있는 공간과 긴 벤치가 있어 외투를 입거나 벗을 때 물건을 내려놓기 쉽도록 되어 있다.

카 페

개방된 형태의 카페는 천장을 낮게 하고 커튼을 달아 아늑한 느낌을 주며, 피아노와 당구대가 설치되어 있다. 실내의 주조색은 초록색(의자)과 연보라색(벽)이다.

식 당

셀프서비스의 카페테리아로 운영되는 식당은 노인아파트의 거주자들뿐 아니라 지역주민들도 이용이 가능하다. 실내의 주조색은 자주색(의자)과 하늘색(벽)이다.

19. 커뮤니티센터 계단참의 붙박이 벤치
20. 개성 있는 디자인의 커뮤니티센터
21. 경쾌한 분위기의 커뮤니티센터 주 출입구
22. 초록색과 연보라색이 이용된 커뮤니티센터의
　　카페
23. 둥근 팬던트 조명과 자주색, 하늘색이 이용된
　　커뮤니티센터의 식당

취미공간

용도에 따라 다양한 공간들이 제공되고 있다. 특히, 공간을 많이 차지하는 직조기들을 넓은 공간에 배치하고 있다. 다목적실의 가구들은 필요에 따라 쉽게 이동할 수 있으며, 경사진 지형을 이용하여 외부공간과 바로 연결되고 채광이 좋다.

24. 계단창에서 내려다 본 직조실
25. 알코브 형태의 도서실
26. 다용도 작업실 및 작품판매 공간

토른달스하브
Torndalshav

소재지 덴마크 위도브르(Søvangsvej 20-24, 2560 Hvidovre, Denmark) **Ⅰ 시설유형** 치매노인그룹홈과 커뮤니티센터의 복합형 **Ⅰ 정원** 16명 **Ⅰ 운영자** 지방자치정부 직영 **Ⅰ 건축특성** 커뮤니티센터, 지상 1층

Denmark

토른달스하브는 코펜하겐 근교의 일반주거지역 내에 위치하며 치매노인을 위한 소규모의 그룹홈으로, 실비요양시설이다. 직원은 총 10명으로 종일제로 일하며 오전·오후·야간 시간대로 나누어 근무한다. 거주노인은 개인소유의 평상복을 입으며, 직원은 평상복 위에 앞치마를 한다. 노인요양시설은 주변의 일반 주택과 구별되지 않도록 유사한 형태와 재료를 사용하였고 비슷한 크기로 되어 있어 외관상 시설의 이미지가 전혀 없다. 내부 또한 일반 주택에서 사용하는 가구, 조명 등을 사용하여 가정적인 분위기이다. 시설 내부공간은 2개의 거주단위로 분리되어 있으며, 각각의 거주단위에 8명의 노인들이 소규모의 단위로 생활한다. 거주단위마다 출입문이 있어 독립성을 확보하고 가족같이 생활한다. 거주노인들은 현관 안락의자나 앞마당에 있는 벤치에 앉아 휴식을 취하거나 시설에서 키우는 개와 마당을 산책하기도 하는 등 자신의 집에서 하던 생활을 계속 유지할 수 있도록 되어 있다.

1층 평면도

공간배치 특성

중정을 중심으로 좌우에 거주단위가 있고 상하에 2개의 거주단위를 연결하는 통로공간을 둔, ㅁ자형 공간배치를 하고 있다. 하나의 단층 건물로 되어 있으며, 2개의 거주단위는 각각의 출입문으로 완전히 분리되어 있고 통로공간을 통해 서로 연결된다. 각 거주단위는 마감재와 색채를 다르게 사용하여 영역의 식별성을 높이고 있다. 공간은 중정, 옆마당, 뒷마당과 시각적으로 연결되어 있으며, 거주노인들이 자유롭게 출입이 가능하도록 되어 있다. 직원영역은 앞마당 쪽으로 배치되어 직원들이 사무실에서 앞마당에 있는 거주노인들, 시설에 출입하는 사람들을 항상 관찰할 수 있다. 울타리를 낮게 설치하여 주변 도로와 시각적으로 열려 있어 이웃들과 교류가 많다. 외부로 나가는 출입문에는 잠금장치가 있어 거주노인들의 외부 출입을 차단하고 있다.

거주영역

거주영역은 2개의 거주단위로 분리되어 있고 각 거주단위에 8명의 노인들이 소규모의 가족과 같이 생활한다. 각 거주단위가 별개의 출입문을 설치하여 독립성을 유지하며, 통로공간으로 연결되어 있어 직원과 거주노인들의 이동이 쉽다. 2개의 거주단위는 색채와 가구, 조명 등을 다르게 하여 영역식별이 쉽다.

　각 거주단위는 8개의 1인 거주실과 공용거실 겸 식당, 간이부엌으로 구성되어 있다. 공용거실 겸 식당은 중정을 향하고 있어 채광과 조망이 매우 좋으며, 주변으로 1인 거주실들이 배치되어 있어 거주실에서 쉽게 공용거실로 출입할 수 있다. 2~3개로 분리된 거주영역들은 가구, 조명, 색, 장식 등을 다르게 사용하고 있어 영역 간의 식별성이 매우 높다.

거주실

거주실은 취침영역, 거실영역, 부속화장실, 간이부엌으로 구성되어 있고 외부 공간으로 출입이 가능하다. 일반 가정과 유사한 마감재, 가구, 조명을 사용하

1. 시각적 연결뿐만 아니라 이웃과의 교
   류를 촉진하는 낮은 울타리
2. 거주노인의 개성을 살린 취침영역
3. 다양한 개인물품과 조명기구가 있는
   거실영역

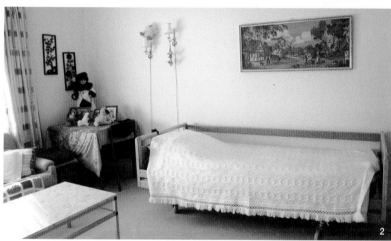

거주실 평면도

여 편안한 분위기이며, 특히 벽 마감에 명도가 높은 노랑색과 주황색을 사용하여 밝고 활기찬 분위기이다. 거주실의 취침영역은 거실영역과 연결된 원룸형태를 취하고 있다. 취침영역에 있는 침대는 시설에서 제공하는 것으로 이동과 높이조절이 가능하고 이불, 테이블, 기타 장식품 등은 거주노인의 개인 물품을 사용하고 있어서 거주실마다 개성이 있다. 바닥에는 단차가 없으며, 바닥에는 카펫을 사용한다. 침대 옆에는 낮고 넓은 창이 있어 채광과 조망이 좋고 커튼, 테이블보, 그림, 액자 등을 설치하여 편안하고 밝은 분위기이다. 조명은 거주자가 원하는 위치에 설치하고 필요한 경우 이동식 플로어 스탠드를 두기도 한다.

거실영역에는 TV, 의자, 테이블, 소파, 오디오, 수납장, 조명기구 등 노인이 예전에 사용하던 것을 배치한다. 노인의 옛 모습이 담긴 사진, 가족사진, 장식품, 그림 등을 전시함으로써 거주자의 개성에 따라 다른 분위기를 연출하고 있다. 전체조명은 사용하지 않고 브라켓, 팬던트, 테이블 스탠드, 플로어 스탠드 등 다양한 국부조명을 사용한다.

거실영역에서 옥외공간으로 바로 나갈 수 있는 유리문과 커다란 창이 있어 채광과 조망이 좋다. 창에는 거주노인의 기호에 따라 커튼이나 블라인드를 설치할 수 있으며, 콘센트는 다양한 위치와 높이에 설치되어 있다.

거주실 부속화장실은 취침영역에 인접해 있다. 부속화장실의 문은 넓은 두 짝 미닫이문으로 위쪽에 레일이 설치되어 있어 바닥에는 문턱이 없으며 쉽게 열 수 있다. 세면대, 양변기, 샤워기, 샤워의자, 휠체어, 빨래건조대, 수납장이 설치되어 있으며, 벽과 바닥은 타일로 마감되어 있고 천장은 텍스타일이다.

세면대는 하부공간이 있어 휠체어 사용이 가능하다. 세면대 주변에는 안전손잡이가 없으나 양변기 양쪽에 안전손잡이가 있고, 안전손잡이 앞쪽에 휴지걸이가 있어 거주노인이 옆으로 몸을 돌리지 않고도 쉽게 휴지를 사용할 수 있다. 안전손잡이와 이동식 샤워의자가 있으며, 거주실마다 샤워커튼을 다르게 사용한다.

거주실 입구와 거실영역 사이에 위치한 간이부엌에는 개수대, 전기가열대,

4. 각 거주실에서 연결되는 옥외공간
5. 휠체어 공간이 확보된 거주실 부속화장실
6. 수납장, 샤워기, 샤워의자가 있는 부속화장실
7. 거주실 입구의 간이부엌

냉장고가 설치되어 있고 개수대는 하부공간이 있어 휠체어 사용이 가능하며 수납장, 쓰레기통 등을 두기도 한다. 개수대 바로 위에 조명등이 설치되어 있으며, 수전은 레버식이다.

공용거실 겸 식당

공용거실 겸 식당에는 식탁, 의자, 다양한 형태의 소파와 테이블, TV, 피아노, 안락의자, 수납장, 장식장 등 일반 가정에서 사용하는 가구들이 있고 브라켓, 테이블 스탠드, 팬던트 등 다양한 국부조명을 사용한다. 중정으로 향한 면은 큰 창으로 되어 있어 채광과 조망이 좋으며, 창이 낮게 설치되어 있어 의자에 앉아서도 창 밖을 볼 수 있다. 창에는 커튼을 설치하여 빛을 조절할 수 있다. 공용거실에서 중정으로 바로 나갈 수 있고 애완용 강아지를 위한 공간, 그림, 벽장식품 등 가정에서 볼 수 있는 요소들이 많아 전체적으로 따뜻하고 가정적인 분위기이다. 소파, 의자, 테이블은 알코브를 이용하여 여러 개의 소규모공간으로 분산시켰으며 거주노인들은 원하는 곳에 앉아 쉴 수 있다. 벽은 주황과 노랑의 밝은 색으로 처리하여 경쾌한 분위기이며, 바닥은 비닐, 천장은 텍스 마감이다.

간이부엌은 공용거실 겸 식당의 끝부분에 위치하고 있어 직원들이 거주노인들을 쉽게 관찰할 수 있으며, 외부로 연결되는 문이 바로 옆에 있어 직원 출입이 쉽고 노인들의 출입을 통제할 수 있다. 간이부엌에는 수납장, 작업대, 개수대, 전기가열대, 전자레인지 등이 있으며 작업대가 공용거실 쪽으로 낮게 설치되어 있어, 부엌에 있는 직원과 공용거실에 있는 노인이 쉽게 교류할 수 있다. 작업대 위에는 팬던트 조명을 설치하였다. 직원용 게시판, 수납장 등이 부엌공간에 있어 시설같은 분위기는 나지 않는다. 개수대와 가열대 위에 길고 낮은 창이 있어 뒤뜰이나 앞마당을 볼 수 있으며, 간이부엌은 거주노인과 함께 사용할 수도 있다.

복 도

주 출입구에서 들어오는 복도와 거주단위의 복도, 그리고 2개의 거주단위를 연결하는 복도는 바닥패턴을 다르게 하여 영역 간의 식별이 명확하다. 중정이

8. 중정을 향한 큰 창이 있어 채광과 조망이 좋은 공용거실
   겸 식당
9. 따뜻한 분위기의 의자들이 배치된 공용거실 겸 식당
10. 앞마당과 뒤뜰을 관찰할 수 있는 간이부엌의 창
11. 주 출입구의 복도

보이는 큰 창을 두어 채광과 조망이 좋으며 밝고 편안한 분위기이다. 출입문은 복도 쪽과 거주단위 모두 목재로 되어 있으며, 레버식 손잡이와 잠금장치가 있다. 거주단위의 복도에는 의자, 소파 등이 여러 곳에 배치되어 있어 노인들이 휴식을 취할 수 있다.

정 원

정원은 앞마당, 옆마당, 뒷마당, 중정이 있다. 앞마당의 바닥은 시멘트블록과 잔디로 이루어져 있으며 탁자, 의자, 파라솔, 벤치가 있다. 옆마당은 각 거주실에서 연결되는 곳으로 크기는 작지만 거주실마다 개인마당을 가질 수 있도록 낮은 목재로 울타리를 치고 정원용 테이블과 의자를 설치하였으며, 다른 곳으로 이동할 수 있도록 열려 있다. 앞마당, 옆마당, 뒷마당은 서로 연결되어 있어 노인들이 안전하고 자유롭게 산책 또는 배회할 수 있다.

중정은 두 거주단위에서 모두 출입이 가능하며 테이블, 의자, 파라솔이 설치되었다. 벽돌과 잔디로 바닥을 처리하였고 다양한 식물들이 있으며, 외부로 연결되는 목재 문이 있다.

지원 · 관리영역

사무실

사무실은 현관 가까이에 위치하는 독립된 공간이며, 앞마당을 향해 큰 창과 출입문이 있어 채광과 조망이 좋고 직원이 앞마당에 있는 거주노인들과 주변 이웃들을 쉽게 관찰할 수 있다. 사무실 입구 옆 벽에는 직원들을 위한 게시판과 사물함이 설치되어 있다.

12. 옆 마당에서 외부로 나가는 문
13. 옆 마당 · 앞마당과 연결되는 뒷마당
14. 거주노인을 관찰할 수 있는 큰 창이 있는 사무실
15. 거주단위 사이의 복도에서 보이는 사무실
16. 사무실 앞 복도의 벽에 설치된 게시판과 사물함

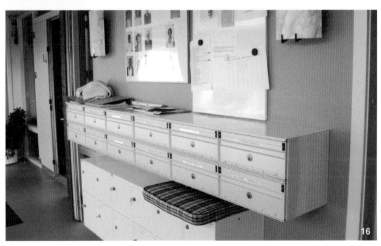

8

알름고덴
Almgarden

소재지 스웨덴 벨링에(Lansmahsgatan 1, 23536 Vellinge, Sweden) | **시설유형** 노인아파트와 커뮤니티센터의 복합형
정원 49명 | **개원년도** 1992년 (1993년 리모델링) | **운영자** 지방자치정부 직영 | **건축특성** 지상 3층

Sweden

알름고덴은 노인아파트에서 독립적으로 생활하는 노인들이 건물에 연결되어 있는 커뮤니티센터와 홈서비스센터에서 제공되는
프로그램과 시설을 이용하는 혜택을 받게 되어 있다. 노인아파트에는 42개의 주호가 있으며, 거주노인은 커뮤니티센터에서 식
사 서비스, 담소 및 휴식, 취미생활 등을 즐기고 낮 동안에는 제공되는 각종 케어를 받는다. 야간에는 커뮤니티센터에 야간 케어
담당 직원이 없기 때문에 필요시에는 외부의 의료지원센터를 이용해야 한다. 노인아파트의 규모는 66.4m²(16개), 67.2m²(13개),
67.9m²(6개), 84.4m²(7개)로 다양하며, 1침실형(66.4~67.9m²)과 2침실형(88.4m²)의 두 가지 유형이 있다. 알름고덴은 커뮤니티센
터가 지역사회에 적극적으로 개방되어 지역 주민의 활용이 크다는 것이 특징으로, 하루에 350인의 식사를 준비한다.

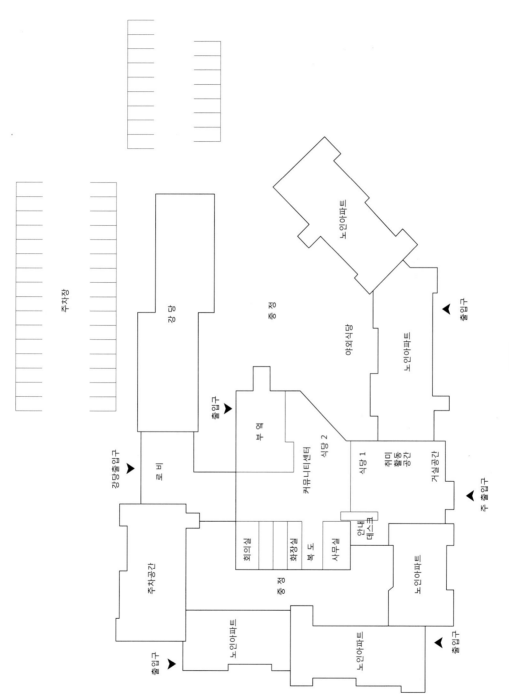

노인아파트

출입구

주차장

강당

중정

어린이식당

노인아파트

출입구

강당출입구

로비

출입구

복 역

커뮤니티센터

식당 2

식당 1

취미활동공간

거실공간

주출입구

주차공간

회의실

화장실

복도

사무실

안내데스크

중정

노인아파트

출입구

노인아파트

노인아파트

출입구

배치도

공간배치 특성

주 출입구를 들어서면 사각형으로 돌출된 방풍공간인 전이공간이 있다. 중문을 지나면 안내데스크, 식탁, 책상, 당구대, 소파 등 각종 가구들이 배치된 대형 홀이 있는데 이곳이 건물 중앙에 위치한 커뮤니티센터이다. 커뮤니티센터의 좌우로 6~9개의 아파트가 있는 3층 건물이 배치되어 ㄷ자 형태의 평면을 구성하고 있다.

적갈색의 목재와 유리로 이루어진 주 출입구는 바닥에 단차가 없어서 휠체어 이용자도 접근이 용이하다. 알름고덴에는 커뮤니티센터의 주 출입구 이외에 출입구가 4개 더 있다. 노인아파트가 있는 건물(6동)에 2동마다 하나씩 출입구가 있고 강당에 별도의 출입문이 있다. 그러나 노인들은 커뮤니티센터의 주 출입구를 통해서 주로 출입하면서 생활에 필요한 많은 정보를 얻고 있다. 노인아파트와 커뮤니티센터 간의 접근성이 매우 우수하여 커뮤니티센터에서 식사, 커피 등의 서비스를 쉽게 받을 수 있다.

거주영역 : 노인아파트

1침실형 아파트는, 출입구로 들어서면 전이공간이 있으며 오른쪽에 드레스룸, 욕실, 침실이 있고, 왼쪽에는 부엌, 거실이 있으며 거실과 침실 사이에 문이 있다. 2침실형 아파트는 침실이 2개 있고 드레스룸이 없는 대신에 침실에 붙박이장이 있다.

노인아파트의 발코니, 현관, 욕실은 여닫이문이나 침실, 거실, 부엌, 드레스룸은 미닫이문이어서 공간 활용에 유리하다. 거실에 발코니가 있어 밖으로 나갈 수 있으며, 침실에 큰 창이 있고, 부엌도 복도 쪽으로 창이 있어 외부를 내다 볼 수 있다. 가구, 사진액자, 실내소품은 노인 각자가 예전부터 사용하던 것이어서 자신의 과거나 가족에 대한 내용을 회상할 수 있다.

침 실

침실에는 침대, 서랍장, 붙박이장, 안락의자, 테이블, 플로어 램프, 의자가 있

1. 알름고뎬의 주 출입구
2. 가족사진과 수예품이 전시된 침실
3. 침실에서 거실로 통하는 미닫이문

스웨덴·핀란드·네덜란드의 노인요양시설

1침실형 노인아파트 평면도　　　　**2침실형 노인아파트 평면도**

으며 벽에는 사진과 그림이 몇 점 걸려 있다. 창이 커서 침실이 밝고 명랑한 분위기이며, 창에는 안전장치가 되어있어 안전하다. 침실에는 통로로 통하는 문과 거실로 통하는 문이 있다.

거 실

거실에 큰 창이 있고 발코니로 나가는 유리문이 있어 매우 밝으며, 침실과 전이공간으로 통하는 미닫이문이 각각 있다. 가구로는 소파, 안락의자, 테이블, 램프, 탁자, 진열장이 배치되어 있으며, 벽에 그림이 여러 점 걸려 있다. 이러한 가구는 노인이 예전에 사용하던 것을 그대로 옮겨온 것이다.

화장실

화장실에는 샤워기, 샤워용 의자, 양변기, 세면대, 수건걸이, 수납장이 있고, 샤워공간과 양변기 좌우에 안전손잡이가 설치되어 있다. 세면대 아래 배수관은 단열 마감되어 안전하나, 세면대 상부의 거울달린 수납장의 위치가 너무 높아 보기에 불편하다.

부엌 겸 식당

현관 왼쪽에 위치한 ㄱ자형 부엌은 노인 혼자 살기에 넓은 편인데, 이는 과거의 살림살이를 고려하여 수납공간을 많이 계획하였기 때문이다. 부엌의 수납

4. 큰 창이 있어 밝은 거실
5. 노인의 수집품이 진열된 거실의 장
   식장
6. 안전손잡이가 설치된 샤워공간과
   양변기
7. 창쪽에 배치한 식탁
8. 수납장이 넉넉한 ㄱ자형 부엌
9. 통로의 서랍장 위에 놓인 비상연락
   장치

장이 흰색이지만 노란색의 커튼, 식탁등, 의자 등으로 부드러운 분위기이다. 복도 쪽의 큰 창 아래에 식탁을 배치하여 외부와 연결이 잘 된다.

통 로

현관에 들어서면 보조보행기구를 보관하는 공간과 수납장이 있으며 통로 한 쪽에 전화기와 함께 위급한 상황을 알릴 수 있는 비상연락장치가 놓인 서랍장이 있다.

커뮤니티센터

커뮤니티센터에서 노인아파트로 통하는 복도가 있다. 커뮤니티센터는 전체 평면의 중앙에 위치하며 안내데스크, 대형 식당, 소형 식당, 부엌, 담소 및 휴식공간, 취미생활(독서·당구)공간, 회의실, 사무실, 화장실 등이 있다. 회의실, 사무실, 화장실, 부엌, 창고를 제외한 모든 공간들이 개방되어 있고, 각 공간 사이는 칸막이와 책으로 구획하여 공간을 다목적으로 사용하고 있다.

안내데스크

주 출입문을 들어서면 전이공간이 있고 다시 중문을 지나면 왼쪽에 안내데스크가 있는데 안내데스크는 지역주민의 이용이 많아서 규모가 큰 편이며, 안쪽으로 직원실이 있다. 안내데스크는 주 출입구를 통해서 드나드는 사람은 물론 대형 홀에서 식사, 담화, 독서, 회의, 취미활동 등을 하는 노인들을 관찰하기 좋은 위치에 있다.

공용식당

공용식당은 대형 식당과 소형 식당으로 구분되는데, 대형 식당에서는 서빙이 이루어지는 부엌이 그대로 보인다. 대형 식당은 부엌 전면부에 위치하며, 다

10. 명랑한 분위기를 조성하는 빨간 의자가 배치된 대형 식당
11. 식탁이 놓인 외부 정원
12. 8인용 식탁을 붙여 배치한 대형 식당
13. 초록 의자가 배치된 삼각형의 소형 식당

양한 형태의 식탁에 빨간 의자가 놓여 있다. 부엌 오른쪽에는 천장이 높은 삼각형 평면의 소형 식당이 있다. 대형 식당에는 6각형 또는 4각형의 식탁 여러 개와 8인용 식탁 2개가 배치되어 있다. 소형 식당에는 7개의 4인용 식탁과 초록색 의자가 있으며 정원이 내다보여 분위기가 아늑하다. 날씨가 좋으면 정원에 식탁을 배치하여 식사를 하곤 한다. 식당이 큰 이유는 아파트 거주노인뿐만 아니라 지역사회 주민들의 이용이 많기(하루 350인 식사) 때문이다.

부엌

부엌은 커뮤니티센터의 가장 안쪽에 있으며 서빙공간과 부엌의 일부가 개방되어 있다. 대형 식당 쪽으로 카페테리아 테이블이 설치되어 음식을 배식 받을 수 있으며, 커피가 준비되어 있어서 언제라도 마실 수 있다.

휴식공간

휴식공간은 주 출입구 가까이의 오른쪽 창가에 있다. 남향에 대형 창이 있어서 밝고 명랑한 분위기이며, 러그를 이용하여 소파와 안락의자를 2~3그룹으로 나누어 배치한다. 러그가 깔리지 않은 부분은 통로로 이용된다.

취미생활공간

취미생활공간은 창가의 휴식공간과 대형 식당 사이에 위치한다. 책장과 대형 책상이 놓인 독서공간과 당구대가 놓인 취미공간이 있다. 이 공간들은 가구에 의해서, 조명방법과 조명기구를 달리하여 벽으로 구획하지 않아도 공간이 구별된다.

14. 대형 식당에서 보이는 부엌
15. 대형 식당의 카페테리아 테이블
16. 남쪽 창가에 배치된 휴식공간
17. 부엌의 서빙공간
18. 책장과 칸막이로 공간을 구분한 독서공간과 당구대

일본의
노인요양시설

일본은 노인인구의 급격한 증가로 인해 2000년 공적개호보험제도가 시작되었고 노인시설을 둘러싼 환경에 많은 변화를 가져왔다. 특히, 인간 존엄을 바탕으로 노인의 자립생활을 최대한 보장하고자 하는 움직임이 공간구성의 변화와 함께 발전해왔다. 노인요양시설에 대한 변화로는 거주실의 1인실화를 통한 개인공간의 보장, 시설적 분위기를 탈피한 거주단위의 소규모화, 개인공간과 공용공간의 적절한 관계 모색 등을 들 수 있다. 일본의 사례는 이러한 변화에 선구적인 역할을 한 노인요양시설을 위주로 최근 경향을 파악할 수 있는 시설들로 선정하였다.

9

히토에노사토
一重の里

소재지 일본 미야기켄 센다이시(宮城縣仙台市太白區) **｜ 시설유형** 특별양호노인홈, 단기입소시설 **｜ 정원** 90명
개원년도 2007년 **｜ 운영자** 사회복지법인 **｜ 대지면적** 9,860m² **｜ 건축면적** 1,775m² **｜ 건축특성** 지상 5층

Japan

히토에노사토는 센다이시 중심부로부터 자동차로 20분 정도 소요되는 곳에 위치하고 있다. 이 지역은 온천 관광지로 유명한 곳이며, 시설은 온천지의 한 구석 구릉지에 설립되어 온천가의 마을풍경이나 주변의 풍부한 자연을 바라볼 수 있고 시설에 거주하면서 온천지방의 독특한 분위기를 느낄 수 있다.

정원은 특별양호노인홈 60명, 단기입소시설 30명으로 총 90명이다. 직원은 48명으로 거주자 1.8명당 수발직원 1명 비율로 배치되어 있다. 거주노인 10명이 거주단위이므로 거주단위당 수발직원은 대략 5명씩 배치되어 있다. 거주노인은 각자 개인 옷을 입고, 양말에 슬리퍼를 신고 생활한다. 직원 역시 평상복을 입으며, 식사시간 등 수발 시에는 앞치마를 한다.

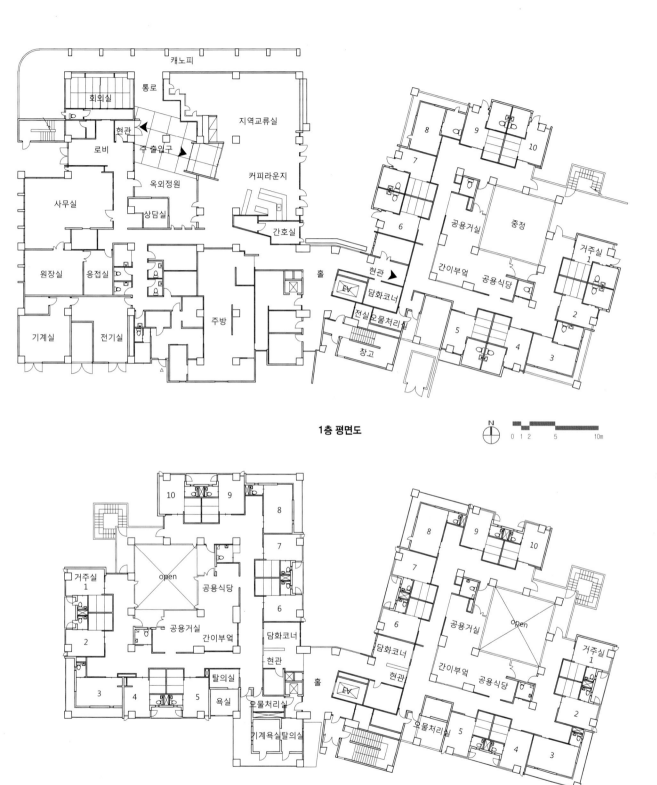

1층 평면도

2층 평면도

회의실 · 통로 · 캐노피 · 지역교류실 · 현관 · 주출입구 · 로비 · 옥외정원 · 커피라운지 · 사무실 · 상담실 · 간호실 · 원장실 · 응접실 · 홀 · 현관 · EV · 담화코너 · 중정 · 공용거실 · 거주실 1 · 전실 · 오물처리실 · 간이부엌 · 공용식당 · 2 · 기계실 · 전기실 · 주방 · 창고 · 5 · 4 · 3 · 6 · 7 · 8 · 9 · 10

N · 0 1 2 · 5 · 10m

거주실 1 · open · 공용식당 · 2 · 공용거실 · 간이부엌 · 담화코너 · 3 · 4 · 5 · 탈의실 · 욕실 · 현관 · 홀 · 오물처리실 · 기계욕실탈의실 · 6 · 7 · 8 · 9 · 10 · EV · 거주실 1 · 2 · 3 · 4 · 5

공간배치 특성

건물은 철근콘크리트의 지상 5층 건물로, 거주단위를 2동으로 분리·연결한 중정형 공간구성이다. 1층에는 단기입소시설, 지역교류실, 사무실, 주방 등이 있으며, 2층에는 단기입소시설, 기계욕실이 있고, 3~5층에는 특별양호노인홈이 있다. 거주노인 10명이 하나의 거주단위이며, 각 층의 거주단위와 거주단위 사이에 직원실, 엘리베이터, 담화코너가 배치되어 있다.

건물 정면에서 주 출입구가 한눈에 보이지 않으나, 캐노피가 있는 큰 차양과 건물 사이로 보이는 중정으로 자연스럽게 동선을 유도한다. 주 출입구와 사무공간은 외부에서 눈에 잘 띄지 않는 시설 안쪽에 위치하여 시설적인 분위기를 느끼지 못한다. 중정이 보이는 통로를 지나면, 일반 시설에 비해 작은 현관 2개가 보인다. 오른쪽 현관은 사무실 등 행정관련 공간과 연결되며, 왼쪽 현관은 거주자의 가족들이 자유롭게 드나들 수 있는 출입구이다.

2개의 현관은 단차를 없애고 내·외부의 바닥재료를 다르게 하여 영역을 구분하고 있다. 오른쪽 현관은 외여닫이문이며, 전이공간에 세면대, 거울, 우산꽂이 등이 있고 벤치가 있어 신발을 편하게 신을 수 있다. 왼쪽 현관은 지역교류실의 출입용으로 사용되며, 거주자 가족이나 지역주민들도 쉽게 드나들 수 있도록 자동문이 설치되어 있다.

거주영역

거주단위는 거주실 10개, 공용거실 겸 식당, 담화코너, 공용욕실, 탈의실, 공용화장실, 오물처리실, 현관 등으로 구성되어 있다. 이들 공간은 중정을 중심으로 배치되어 있으며, 중정을 향해 거주단위 내 각 공간이 열려 있어 시각적으로 개방되어 있다. 이로써 거주노인은 다른 거주단위의 생활모습도 엿볼 수 있어 생활에 안심감을 가질 수 있다.

거주단위별로 설치된 현관은 일반 가정집같은 인상을 준다. 현관의 목재 격자문은 유리를 끼우지 않아 거주단위의 개방적인 분위기를 느낄 수 있다. 현관에는 단차가 없어 휠체어 사용자도 쉽게 드나들 수 있다. 현관 옆에 마련된

1. 중정이 보이는 주 출입구 통로
2. 거주자 가족과 지역주민이 사용하는
   왼쪽 현관
3. 사무공간으로 연결되는 오른쪽 현관
4. 가정집 분위기의 거주단위 현관
5. 현관 옆에 마련된 담화코너

담화코너는 거주자 가족이 자유롭게 사용하거나 상담용으로도 사용한다. 거주단위 안이 보이는 복도 벽면에 유리를 끼우지 않은 개구부를 두어 한층 개방감을 준다.

거주실

모든 거주실은 1인실이며, 부속화장실을 가지고 있다. 한 거주단위에 10개의 거주실이 있다. 그 중 2개는 플로링방이며, 나머지 8개는 플로링방+다다미방이기 때문에 거주자는 취침 시 침대나 이불을 선택할 수 있다. 다다미방을 복도측에 배치하고 장지창을 설치함으로써, 직원이 거주실 문을 열지 않고도 복도측에서 거주노인의 기척을 느낄 수 있어 거주자의 프라이버시가 최대한 배려되어 있다.

시설에서 제공하는 가구는 높낮이 조절이 가능한 침대와 옷장이다. 그 외의 옷장, 커튼, 테이블, 의자 등은 예전에 사용하던 것들을 가져 온 것이다. 거주노인의 성향(또는 가족)에 따라 실내를 꾸밀 수 있어 거주실의 분위기는 다양하다. 이는 치매노인이 새로운 환경에 쉽게 적응할 수 있도록 배려한 것이다.

거주실의 출입문은 치매노인이 자신의 방을 쉽게 찾을 수 있도록 각기 다르며, 문패도 자신의 성향에 따라 꾸밀 수 있다. 거주실문은 넓은 미닫이문으로 단차와 문턱이 없으며, 관찰창이 있으나 반투명 유리로 되어 있어 불빛만 확인할 수 있어 프라이버시 보호와 안전이라는 두 가지 측면 모두를 배려하고 있다. 미닫이문 옆의 작은 여닫이문을 열면 응급시 거주실 침대를 그대로 이동할 수 있는 폭이 확보된다. 여닫이문에는 우편함이 있어 거주실로 직접 신문이나 우편물이 전달된다. 방번호를 적은 거주실의 표식은 출입문 옆 벽에 설치되어 있고, 그 반대쪽 벽에는 문패를 두어 거주자 이름이나 사진을 걸 수 있다.

바닥은 체리색의 목재로, 벽과 천장은 단색의 벽지 마감이다. 넓은 창이 있어 채광, 환기, 조망이 좋다. 다다미방은 난방이 되며, 냉방장치는 없으나 가정용 에어

거주실 평면도

6. 침대가 놓인 플로링방
7. 복도에 면해 장지창이 있는 다다미방
8. 노인의 개성이 나타나는 거주실 문패
9. 작은 여닫이문을 추가하여 여유폭을 확보한 거주실의
   미닫이문
10. 채광이 있어 밝은 거주실 부속화장실
11. 출입문 옆에 설치된 세면대

컨을 설치할 수 있다.

일반적으로 거주실에 설치되는 부속화장실은 직원의 동선을 단축시키고 신속히 대응할 수 있도록 복도측에 면하는 경우가 많지만, 이곳은 외부에 면하고 있다. 이 때문에 외부에 면한 창을 설치할 수 있어 채광, 환기, 악취제거에 유리하며 외부의 자연환경을 느낄 수 있다. 부속화장실에서 휠체어가 회전하기에는 폭이 좁으며, 샤워설비는 없고 양변기와 수납장으로만 되어 있다.

세면대는 출입문 옆에 설치하였고, 하부에 여유공간을 두어 휠체어를 타고 이용할 수 있다. 세면대 하부의 설비 배관은 그대로 노출되어 있다.

공용거실 겸 식당

공용거실 겸 식당은 간이부엌을 중심으로 한 L자형 평면이고, 2개의 공간으로 나뉘어져 있지만, 직원이 거주노인을 쉽게 지켜볼 수 있는 공간계획이다. 중정에 면해 있어 채광이 충분하며, 복도와의 경계는 목재 격자로 구획되어 있어 개방적이면서 차분한 분위기이다.

공용거실은 거주노인 기분에 따라 공간을 선택하거나 개별 행동을 취할 수 있도록 분산계획되어 있어 다양한 행위가 관찰된다. 공간이 개방되어 있어 직원이 식사준비하면서도 거주노인을 관찰할 수 있다. 취사는 간이부엌에서 전기밥솥으로 하여 가정집처럼 느낄 수 있다. 반찬은 1층 주방에서 만들어 운반되지만, 거주단위에서 그릇에 옮겨 담는다. 거주노인은 밥을 덜거나 반찬을 나누는 등 식사 준비를 도와주며, 휠체어 사용노인도 설거지를 할 수 있도록 낮은 개수대가 설치되어 있다. 식탁은 분산배치되어 있어, 마음에 맞는 노인과 식사할 수 있다. 식기도 거주노인이 예전에 사용하던 것으로 최대한 거주자의 개별성이 존중되고 있다.

공용거실 겸 식당은 인접공간과 단차를 두지 않아 휠체어 이용자도 접근이 용이하며, 표식이나 안전손잡이는 없다. 바닥은 목재로 이루어져 있으며, 벽과 천장은 단색 벽지 마감이다.

공용거실의 한 모퉁이에는 노트북을 두어 간단한 서류작업을 할 수 있는 직원의 작업공간이 있으며 가정적인 분위기를 저해하지 않는 위치에 있다.

12. 식당이 보이는 간이부엌
13. 식탁 배치가 자유로운 공용식당
14. 휠체어 이용자를 고려해 별도로 설치한 낮은 개수대

공용화장실

각 거주단위에는 휠체어 사용노인을 고려한 공용화장실이 2개 있어 공용거실에 있는 노인이 거주실 부속화장실까지 가지 않고도 배설수발을 받을 수 있다.

1층 공용화장실은 폭이 넓으며, 휠체어 사용자가 쉽게 밀어서 들어가고 나올 수 있는 출입문이다.

공용욕실

공용욕실에 리프트를 은폐할 수 있는 욕조타입을 설치하여, 차가운 기계 내로 들어가는 거부감을 최대한 완화시켜 주고 있다. 안내표식은 일본 전통 욕실 분위기로 연출하였다.

2층에는 와상노인의 입욕을 위해 기계욕실이 있다. 입욕 시 노인이 덜 불안해 하도록 가능한 한 직원이 수동으로 작동시킨다. 부속 탈의실에는 휴식을 취하거나 옷을 갈아입을 때 사용되는 침대가 있다.

복 도

복도와 공용거실 겸 식당 사이에 설치된 목재 격자는 개방적인 분위기를 느끼게 해준다. 복도는 요철이 많아 율동감이 있으며, 구석구석에 오브제를 두어 시설적인 분위기를 완화시키고 있다. 외부에 면한 복도 벽면에는 큰 개구부가 있어 채광이 좋으며, 복도 어디서든 거주단위의 생활모습을 엿볼 수 있다. 공용거실 겸 식당 옆에는 빨래를 널 수 있는 발코니가 중정에 면해 설치되어 있다.

지역교류실

지역교류실은 지역주민들에게 개방되어 있다. 1층의 주 출입구 통로에 면한 전시코너에는 주민이 만든 공예품을 진열할 수 있어 지역홍보와 시설의 딱딱한 분위기를 완화시킨다. 지역교류를 위한 프로그램으로는 보육원 방문, 중학생의 체험학습장 제공, 여름 축제 참가, 인근 호텔을 이용한 경로회 등이 있다.

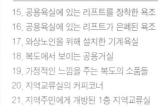

15. 공용욕실에 있는 리프트를 장착한 욕조
16. 공용욕실에 있는 리프트가 은폐된 욕조
17. 와상노인을 위해 설치한 기계욕실
18. 복도에서 보이는 공용거실
19. 가정적인 느낌을 주는 복도의 소품들
20. 지역교류실의 커피코너
21. 지역주민에게 개방된 1층 지역교류실

지원·관리영역

사무실·직원실

거택개호지원사업소의 기능을 겸하는 1층 사무실에는 일반적인 시설과는 달리 접수카운터가 없는데, 이는 방문자가 시설적인 분위기를 느끼지 않도록 하기 위함이다. 각 층에는 2개의 거주단위별로 직원을 위한 직원실이 있다.

1층의 상담실은 일본 전통 차실의 분위기로 디자인되어 있다. 회의/연수실은 야간 당직자가 사용하기도 하는데, 방문자의 출입을 쉽게 알 수 있도록 1층 주 출입구 통로 옆에 배치되어 있다.

오물처리실

거주단위의 오물처리실은 공용욕실과 인접한 곳에 배치하여 직원의 수발동선 단축을 도모하고 있다. 오물처리시 1층 세탁실까지 이동할 때 발생하는 냄새 등 위생적인 문제를 해결하기 위해 리프트가 설치되어 있다. 또 복도 벽면을 활용해 리넨 수납장을 설치하여 리넨을 분산 수납하고 있다.

단기입소시설

30명이 거주할 수 있는 단기입소시설은 특별양호노인홈처럼 거주노인 10명을 하나의 거주단위로 하고 있다. 1층에는 1개의 거주단위가, 2층에는 2개의 거주단위가 배치되어 있다. 특히 1층 거주실에는 부속화장실 겸 욕실이 설치되어 있다. 욕조와 양변기는 커튼으로 공간을 분리하고 있다. 욕실에 설치된 욕조는 거주자의 신체상황과 수발방법에 따라 위치를 변경할 수 있는 가변형 욕조이어서 입욕 수발이 수월하다.

22. 사무실 외부에 설치된 일본식 정원
23. 일본의 전통적인 분위기를 갖는 상담실
24. 단기입소시설의 공용거실에서 담화를 나누는 거주노인
25. 노인의 신체상황에 맞게 다양하게 위치를 바꿀 수 있는 가변형 욕조
26. 욕조 옆의 양변기

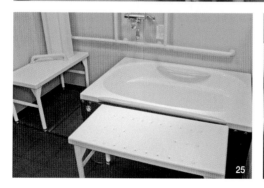

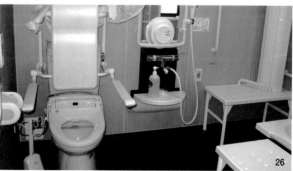

슈쿠토쿠쿄세엥
淑德共生苑

소재지 일본 치바켄 치바시 추오쿠(千葉県千葉市中央區) ┃ **시설유형** 특별양호노인홈, 단기입소시설 ┃ **정원** 100명
개원년도 2007년 ┃ **운영자** 사회복지법인 ┃ **대지면적** 6,143㎡ ┃ **건축면적** 2,624㎡ ┃ **건축특성** 지하 1층, 지상 4층

Japan

슈쿠토쿠쿄세엥은 치바시에 있는 대학캠퍼스 운동장 남쪽의 녹지가 풍부한 높은 지대에 위치한다. 최근 정비된 치바현의 도로에
면하여 차량 접근이 편리하며, 주거환경이 좋은 입지이다. 건물을 분절시키고 경사지붕, 목재 발코니, 난간 등을 활용하여 주변의
녹지와 어울리는 디자인이다. 또, 대규모 건물로 인식되지 않도록 외관은 휴먼 스케일이며, 실내도 나무, 종이 등 자연소재를 활용
하고 중정과 옥상정원을 적극적으로 도입하여 밝고 친숙한 이미지를 가진다.
정원은 특별양호노인홈 90명, 단기입소시설 10명으로 총 100명이다. 직원은 44명으로 거주자 2명당 수발직원 1명 비율로 배치
되어 있다. 거주자 10명이 사는 거주단위에는 수발직원이 약 4.4명씩 배치되어 있다. 거주노인과 직원의 복장은 모두 개인 옷을
입고 생활하며, 양말에 슬리퍼나 실내운동화를 신고 있다.

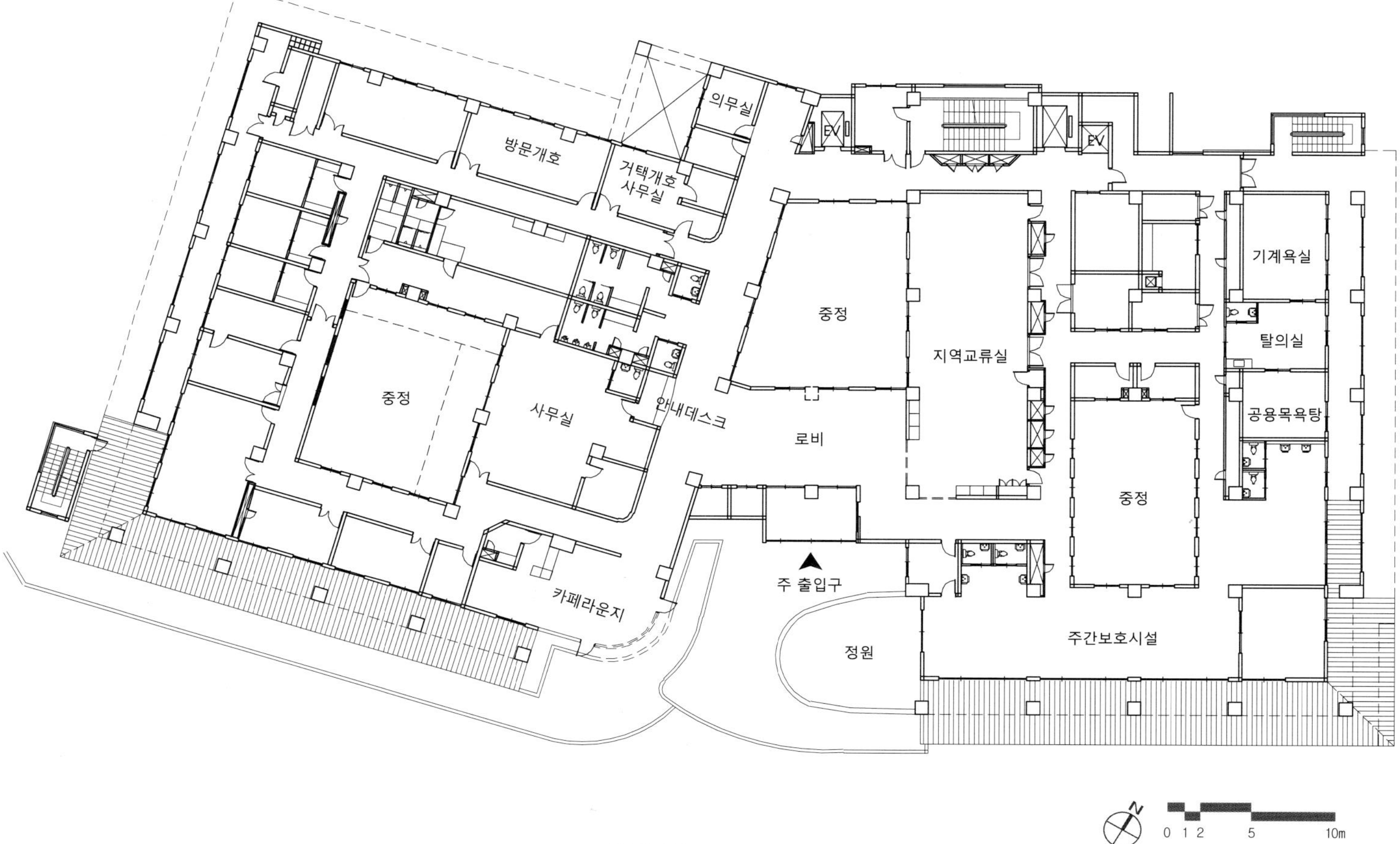
의무실
방문개호
거택개호
사무실
EV
EV
기계욕실
탈의실
공용목욕탕
중정
지역교류실
중정
사무실
안내데스크
로비
중정
주 출입구
카페라운지
정원
주간보호시설
N
0 1 2 5 10m

1층 평면도

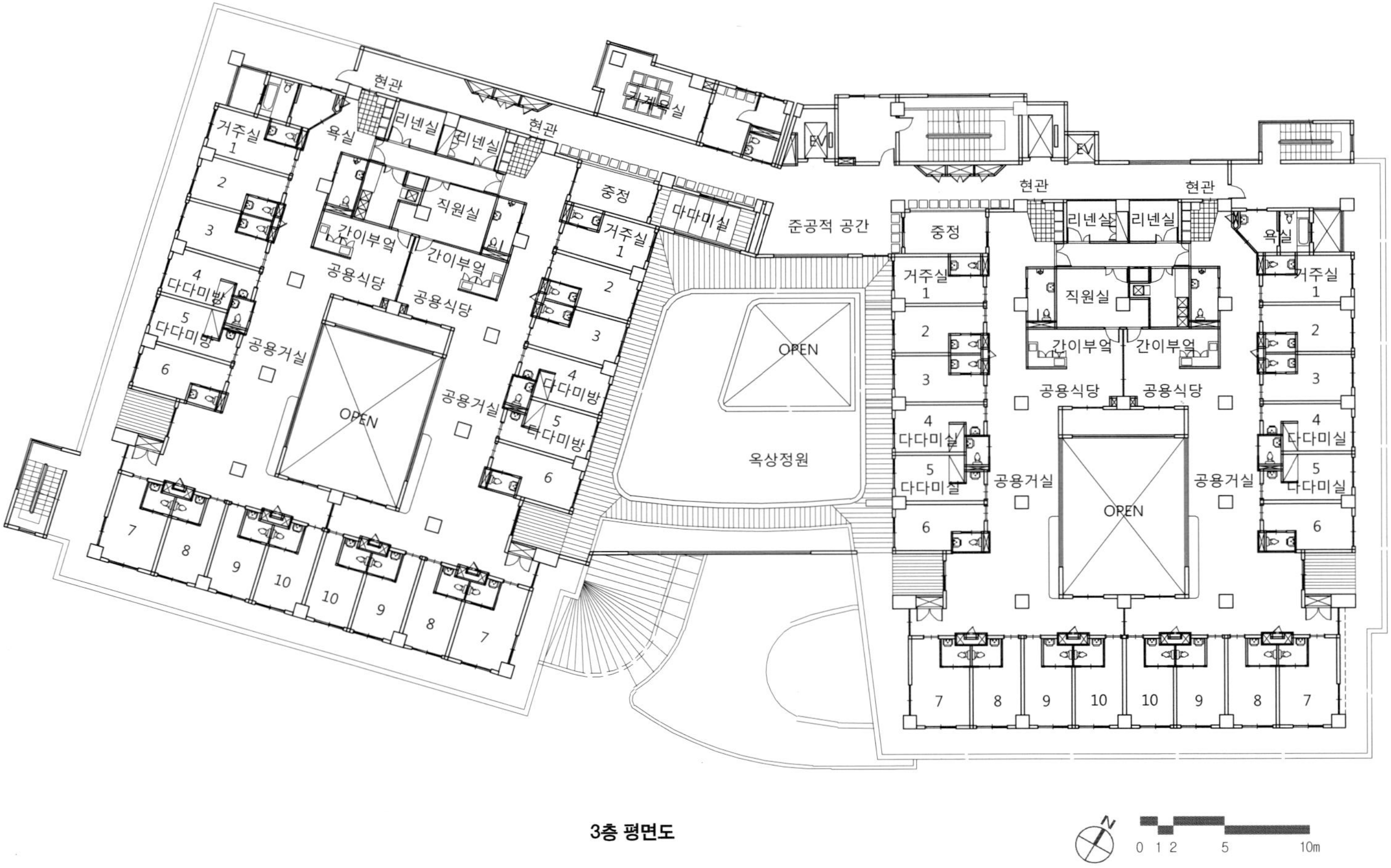

3층 평면도

목욕실
거주실 1
2
3
다다미실
다다미실
6
7
8
9
10
10
9
8
7
현관
린넨실
린넨실
직원실
간이부엌
공용식당
공용거실
공용거실
공용식당
거주실 1
2
3
다다미실
다다미실
6
종정
OPEN

비공식적 공간
EV
EV
현관
간이부엌
다다미실
OPEN
옥상정원

공용식당
목욕실
거주실 1
린넨실
린넨실
직원실
간이부엌
OPEN
공용식당
공용거실
공용거실
2
3
다다미방
다다미방
6
현관
거주실 1
2
3
다다미실
다다미실
6
7
8
9
10
10
9
8
7

N
0 1 2   5   10m

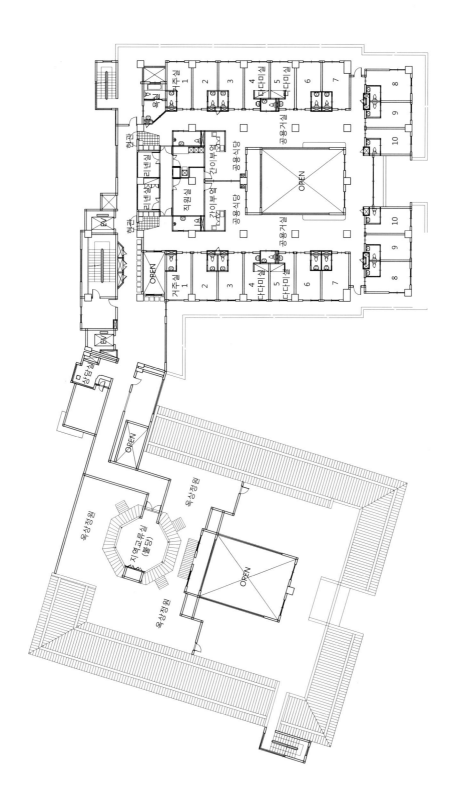

4층 평면도

거주실 1
2
3
다다미실 4
다다미실 5
6
7
8
9
10
10
9
8
공용거실
공용식당
공용식당
공용거실
직원실
리넨실
리넨실
간이부엌
OPEN
OPEN
OPEN
거주실 1
2
3
다다미실 4
다다미실 5
6
7
상담실
지역교류실 (불당)
옥상정원
옥상정원
옥상정원
옥상정원

N

0 1 2   5   10m

공간배치 특성

철근콘크리트조의 지상 4층 건물로 2동으로 분리·연결되어 있는 평면구성이다. 1층에는 사무실, 주간보호시설, 방문간호·수발 재택서비스 관련실, 150명을 수용할 수 있는 지역교류실이 있다. 2층에는 단기입소시설과 특별양호노인홈, 3~4층에는 특별양호노인홈이 있다.

중정을 둘러싼 ㅁ자형의 2동 건물이 대지형상에 맞춰 지역에 열려 있는 인상을 주는 V자형 구성을 하고 있다. 남북으로 단차가 있는 대지를 활용하여 1층 남측에는 주 출입구를 두고, 도로에 면한 지하층 북측은 서비스용 부출입구가 있다.

남측 정면의 주 출입구에는 비오는 날 이용자의 편의를 위한 캐노피가 설치되어 있으며, 그 측면에는 정원이 있다. 주 출입구는 단차가 없으며 바닥패턴에 변화를 주어 영역이 구분된다. 로비에 들어서면 우측에 신발장이 놓여 있으며, 정면에는 유리창 너머로 중정이 보인다.

주 출입구 옆 정원 외에도 건물 곳곳에 일본 전통 정원의 이미지를 갖는 3개의 중정이 있다. 2층 옥상정원은 거주단위별로 야채나 화초를 가꿀 수 있는 텃밭으로 활용된다. 4층에는 불당이 있는 지역교류실과 주변 자연을 만끽하며 산책할 수 있는 옥상정원이 있다.

거주영역

거주단위마다 거주실 10개, 공용거실 겸 식당, 공용욕실, 탈의실, 공용화장실, 현관으로 구성되어 있다. 2개의 거주단위가 하나의 블록을 이루며 블록 중간에 중정을 끼워 넣어 건물 내부로 자연환경을 끌어들이고 있다. 직원실, 오물처리실, 리넨실 등의 직원영역은 공용으로 사용되도록 거주단위 사이에 계획되어 있어, 야간근무의 효율성과 거주단위 간의 연계성이 높다. 복도, 공용거실 겸 식당은 중정을 향해 열려 있어 인접 거주단위 노인의 생활모습을 볼 수 있으며, 거주실은 자연채광, 통풍, 조망을 고려하여 외부 주변환경에 열려 있다.

거주단위의 현관문은 목재 미닫이문이며, 안내표식이 설치되어 있다. 현관

1. 부드러운 분위기의 주 출입구 캐노피
2. 일본 전통 정원 이미지의 중정
3. 텃밭이 있는 2층 옥상정원
4. 조망이 좋은 4층 옥상정원
5. 거주단위의 현관 외부
6. 단차를 없애고 바닥패턴으로 영역을 구분한
   현관 내부

바닥은 휠체어 사용노인이 원활하게 출입할 수 있도록 단차가 없으며, 바닥 패턴에 변화를 주어 영역이 구분된다. 또 앉아서 신발을 갈아 신을 수 있도록 의자가 신발장 옆에 설치되어 있다. 현관을 들어서면 거주단위의 모습이 한눈에 들어오며, 현관과 가까운 곳에 휠체어 보관공간이 있다.

거주실

거주실은 자연채광과 전망이 좋은 남향 및 동·서향에 배치되어 있다. 거주노인의 선호나 중증화에 대비하여 다다미방 2개는 거주단위 중앙에 배치되어 있다. 그 외의 거주실은 침대 사용이 가능한 플로링방이다. 다다미방에는 부속화장실이 없고 세면대와 붙박이장이 있는 반면, 플로링방에는 부속화장실이 있다. 침대를 제외한 가구는 노인이 예전부터 사용하던 것이어서 자신만의 개인공간으로 거주실을 꾸밀 수 있다.

거주실 입구에 세로형 안전손잡이가 설치되어 있으며, 목재 문에 작은 반투명창을 설치하여 야간에 거주노인의 취침 여부를 확인할 수 있다. 거주실의 벽과 천장은 단색 벽지 마감이며, 가정용 에어컨이나 조명기구가 설치되어 있다.

거주실 출입구는 단차 및 문턱이 없어 휠체어 사용노인도 원활하게 출입할 수 있다. 모든 거주실은 발코니로 연결되어 있는데, 발코니 쪽에 큰 창문이 있어 채광 및 환기가 좋다. 평상시 발코니의 창문은 10cm 정도 열리지만, 비상시 피난경로로 사용될 수 있도록 개방되며 단차가 없다.

플로링방의 부속화장실은 거주실 입구 쪽에 있으며, 화장실 앞 공간은 여유 있는 넓이이다. 미닫이문에 긴 고리형 손잡이가 설치되어 있고, 단차와 문턱은 없으나 화장실 내에서 휠체어가 회전하기에는 충분하지 못한 크기이다. 양변기 주변에는 안전손잡이와 비상연락장치가 설치되어 있다. 세면대는 휠체어 사용노인을 고려하여 하부에 여유공간을 두었으나, 하부 설비배관은 노출되어 있다.

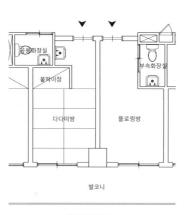

거주실 평면도

7. 다다미방의 내부
8. 플로링방의 내부
9. 거주실과 연결된 옥상정원
10. 화장실 입구쪽에 배치된 부속화장실의
    양변기
11. 거주실 부속화장실의 세면대

공용거실 겸 식당

중정을 향해 열려 있는 공용거실 겸 식당은 거실, 식당, 간이부엌이 하나의 공간으로 된 일체형이고, 가구로 공간을 구획하여 거주노인이 마음에 드는 공간을 선택할 수 있는 구성이다. 거주단위의 특성에 따라 자유자재로 배치할 수 있는 2인용 식탁 5개와 TV를 볼 수 있는 소파가 놓여 있다. 좌식생활에 익숙한 노인들을 위해 바닥의 일부에 다다미를 깔아 놓은 거주단위도 있다. 공용거실 겸 식당 중앙 벽면에 세면대가 설치되어 있다.

간이부엌은 아일랜드형이어서 작업하면서도 거주노인의 모습을 지켜볼 수 있다. 밥은 거주단위 내에 있는 전기밥솥으로 하며, 반찬이나 국은 지하 1층 주방에서 운반한다. 거주노인은 식사 준비나 설거지 등 가사 일에 참여할 수 있지만, 대다수가 중증 노인이어서 대부분 직원이 한다.

복도와 벽으로 구획되지 않아 단차나 문턱이 없으므로 거주실에서 원활하게 접근할 수 있고, 창이 많아 채광 및 환기상태가 좋다. 바닥은 목재 플로링이며, 벽은 안전손잡이를 기준으로 하단은 목재, 상단은 단색 벽지 마감이다.

공용화장실

공용화장실은 거주단위별로 2개가 설치되어 있는데, 1개는 휠체어 사용노인의 배설수발을 돕는 데 충분한 크기이며 소변기도 별도로 설치되어 있다. 공용화장실은 자신의 거주실까지 가는 데 먼 경우나 직원이 신속히 대응할 수 있도록 공용거실 겸 식당과 인접한 곳에 배치되어 있다. 다다미방에 인접한 작은 공용화장실 출입문은 일본 전통적인 느낌을 엿볼 수 있는 장지문으로 처리되어 있다. 현관 가까운 곳에 있는 큰 공용화장실에는 세면대와 양변기가 일자로 배치되어 있으며, 세면대 하부는 여유공간이 있어 휠체어 사용노인도 원활하게 이용할 수 있다.

그 외 준공적 공간이나 공적 공간에도 공용화장실이 설치되어 있다. 거주단위 내 공용화장실은 기본적으로 미닫이문이며, 직원이 이용하는 화장실은 여닫이문이다. 화장실 안내표식도 다양하다.

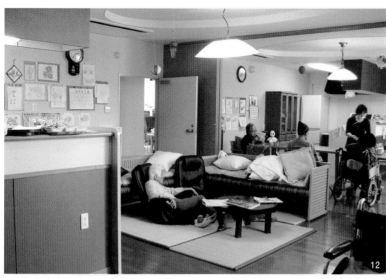

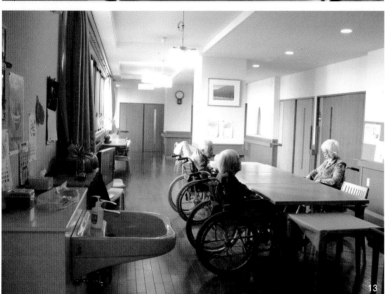

공용욕실

거주단위별로 설치된 공용욕실에는 2방향 또는 3방향에서 수발할 수 있는 가정용 욕조가 설치되어 있다. 원칙적으로 입욕은 거주자 한 사람씩 이용하며, 인접한 거주단위의 직원이 서로 도울 수 있도록 직원실과 가까운 곳에 공용욕실이 배치되어 있다. 탈의실에는 세면대와 수납가구가 비치되어 있다.

수발이 힘든 중증노인은 2층과 3층에 마련된 기계욕실을 이용한다. 2층에는 기계 욕조가 있고 3층에는 노송나무로 된 리프트식 욕조가 있다. 또한 3층에 공용욕실이 별도로 있는데 탈의실은 휠체어나 스트레처의 출입이 용이한 폭이며, 세면대 하부에는 여유공간이 있다.

복 도

바닥에서 안전손잡이 높이까지의 복도 벽은 목재 마감이며, 안전손잡이는 기성제품 대신에 목재로 자체 제작한 것이어서 친근감을 준다. 중정이 내다보이는 쪽에 설치한 카운터는 화분이나 장식물을 놓거나, 차를 마시거나 식사하는 테이블로 이용된다. 기둥이나 벽에는 거주자의 일상생활을 찍은 사진을 붙여 있다. 조명기구는 눈부심이 적은 다운라이트나 팬던트 라이트를 사용하여 가정적인 분위기가 연출되고 있다.

공용거실 겸 식당에서 조금 떨어진 곳에 담화코너를 만들어, 혼자 쉬거나 2~3명이 모여 조용히 이야기를 나눌 수 있다. 그 외에 엘리베이터 앞의 마련된 준공적 공간에도 담화코너가 마련되어 있고, 그 옆에는 가족이 이용할 수 있는 다다미방이 있다. 복도에는 지나가다 쉴 수 있는 목재 벤치 등이 곳곳에 설치되어 있다.

16. 색으로 인지도를 높인 1층 공용화장실의 안내표식
17. 여럿이 이용하는 공용욕실의 욕조
18. 장식물이 놓인 복도의 카운터와 안전손잡이
19. 엘리베이터 앞 담화코너
20. 따뜻한 분위기의 복도 조명

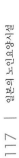

지역교류실

1층 로비 한쪽에는 자판기와 카운터가 있는 카페가 있다. 이 공간은 가족이 거주노인과 자유롭게 이용할 수 있으며, 동일 법인대학의 학생들이 와서 커피나 차를 서비스해 주기도 한다. 150명이 사용할 수 있는 지역교류실은 지역주민과 각종 행사를 실시하는 장소로 활용된다. 4층에는 옥상정원과 일체화된 불당 겸 지역교류실이 있어 거주노인이 매일 불공을 드리기도 한다.

　시설 행사 시에는 지역주민뿐만 아니라 동일 법인대학 학생들이 자원봉사 도우미로 활동하며, 유치원이나 보육원 어린이들과 정기적으로 교류하고 있다.

지원 · 관리영역

사무실 · 직원실

1층 로비 옆에 설치된 안내데스크는 곡선형으로 디자인되어 시설적인 분위기를 완화시켜 준다. 안내데스크 안쪽에 사무실이 있으며 중정에 면해 자연채광이 좋다. 수발직원실은 2개의 거주단위마다 설치하여 야간근무의 효율성과 직원의 상호협조를 도모할 수 있다. 거택개호지원사업소의 사무실은 1층에 별도로 설치되어 있다. 직원휴게실은 2개의 거주단위당 1개가 설치되어 있으며, 수발직원실에 인접해 있다. 4층에는 흡연할 수 있는 휴게실도 마련되어 있다.

오물처리실 · 리넨실

2개의 거주단위 중간에 배치하여 공용으로 사용하는 오물처리실과 리넨실은 직원실과 인접해 있다. 오물처리실과 리넨실은 거주단위의 현관에서도 가까우므로 직원의 동선 단축에 유효하다. 특히 오물처리실에는 리프트를 설치하여 지하 1층 세탁실로 오물을 운반하므로, 냄새가 적고 위생적이다.

21. 1층 로비 한쪽에 마련된 카페
22. 1층의 지역교류실
23. 로비에 면한 곡선형 안내데스크와 사무실
24. 2개의 거주단위마다 설치된 수발직원실

주간보호시설

지역교류를 포함한 재택서비스를 제공하는 주간보호시설, 방문개호·간호사업소, 지역 노인의 케어플랜을 작성해 주는 거택개호지원사업소가 1층에 있다. 주간보호시설의 정원은 25명이며, 거실 겸 식당, 기능훈련 코너, 욕실 등이 있다. 주간보호시설에는 외부와 연속성을 가지는 목재데크와 정자가 있는 정원이 있다. 목재데크에 놓인 목재 테이블이나 의자는 자체 제작한 가구로 친밀감을 준다.

주간보호시설 이용자의 입욕을 위해 기계욕실과 목욕탕이 설치되어 있다. 기계욕실에는 의자식 타입의 기계욕조 2대가 있으며, 탈의실에는 화장실과 세면대 등이 있다. 욕실 천장은 목재로 처리하고 벽은 타일로 마감하여 따뜻하며 친숙한 분위기이며, 자연채광이 좋아 실내가 밝다.

11

선라이프히로미네
サンライフ広峰

소재지 일본 효고켄 히메지시(兵庫県姫路市) **ㅣ 시설유형** 특별양호노인홈시설 **ㅣ 정원** 29명 **ㅣ 개원년도** 2008년
운영자 사회복지법인 **ㅣ 건축특성** 지상 3층

Japan

선라이프히로미네는 히메지시 북쪽의 일반 주택지에 위치하며 역에서 도보로 2분 거리이다. 부지는 남북으로 장방형이며, 동쪽에 2차선 도로가 있다. 주택지에 위치하기 때문에 건물의 높이나 입면 계획 시 주변환경과 어울리며, 시설이 아닌 주택처럼 보이도록 계획되었다. 땅값이 비싼 시내이기 때문에 소규모로 건설되었지만 가정적인 분위기에서 충실한 서비스를 제공하는 지역밀착형 노인요양시설이다. 시설 정원은 29명이며, 수발직원은 총 23명(상근 환산 21.6명)으로 거주자 1.3명당 수발직원 1명이 근무하고 있다. 거주자 10명이 하나의 거주단위에서 생활하므로 거주단위당 수발직원은 7.2명이다. 거주노인과 직원의 복장은 모두 개인 옷을 입고 생활하며, 양말에 슬리퍼나 실내운동화를 신고 생활한다.

1층 평면도

2층 평면도

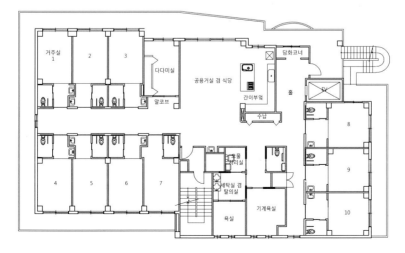

3층 평면도

공간배치 특성

지상 3층의 철근콘크리트조의 소규모 건물로, 각 층에 9~10명의 노인이 거주하고 있다. 1층에는 주 출입구, 사무실 겸 남자직원 탈의실, 상담·회의실, 조리실이 있다. 2층에는 의무실 겸 리넨실 겸 여자직원 탈의실이 있고, 3층에는 기계욕실이 있다.

시설의 주 출입구는 저층 공동주택의 현관과 같은 이미지로, 주 출입구 옆에 우체통, 작은 화분을 두어 주택에 방문한 듯한 인상을 준다. 자동문을 들어서면 현관에는 신발장, 우산걸이, 걸터 앉을 수 있는 의자 등이 있으며, 단차가 없어 휠체어 사용노인도 쉽게 드나들 수 있다. 실내로 통하는 쌍여닫이문을 열고 들어서면 복도 한쪽에 손을 씻을 수 있는 세면대가 마련되어 있다.

거주영역

거주단위는 거주실 9~10개, 화장실, 공용거실 겸 식당, 다다미방, 공용욕실, 세탁·오물처리실, 공용화장실, 담화코너 등으로 구성되어 있다.

각 거주단위의 바닥 마감재, 가구의 색을 선정할 때 담당직원이 계획에 참여함으로써 거주단위에 대한 애착감이 자연스럽게 형성되고 있다. 공간배치에 있어서 단조로운 직선적 배치가 되지 않도록 요철을 만들고, 전체적으로 목재 마감재나 가구를 사용하여 시설적인 분위기를 배제하고 있다.

거주실

거주실은 모두 1인실이고, 거주노인의 선호에 따라 플로링방과 다다미방을 선택할 수 있다. 거주실에는 작은 현관과 같은 역할을 하는 전실이 있고, 양쪽에 화장실과 세면대가 각각 설치되어 있다. 세면대 하부에 여유공간을 두어 휠체어 사용이 가능하며, 양치질은 거주실에서 하도록 유도하고 있다. 시설에서 제공하는 가구는 전동침대와 서랍장이며, 그 외 가구는 예전부터 사용하던 거주노인 개인의 것이다. 또 노인들의 다양한 요구에 대응하기 위해 TV는 물

1. 주택의 현관과 같은 이미지의 주 출입구
2. 주 출입구 현관에 놓인 의자
3. 주 출입구 현관 앞 복도에 마련된 세면대
4. 정원과 연결된 다다미방의 내부
5. 정원과 연결된 플로링방의 내부

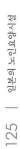

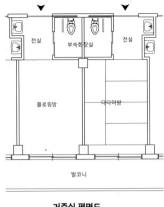

거주실 평면도

론 인터넷 접속이 가능하다. 실내는 유사 색상으로 조화를 이루며 가정용 에어컨이 설치되어 있어 가정적인 느낌을 준다.

거주실에서 발코니로 나갈 수 있는 창은 실 안쪽에 장지창을 두어 일본 전통의 가정적인 분위기를 느낄 수 있다. 출입문은 목재로 친밀감을 주며, 거주실마다 문 모양을 다르게 디자인하여 치매노인이 자신의 방을 쉽게 인지하도록 배려하고 있다. 문손잡이는 막대형으로 노인이 사용하기에 무리가 없으며, 안내표식도 가정집과 같은 것을 사용하여 거주실이 하나의 단독 주거라는 이미지를 풍긴다.

복도측에 위치한 거주실 부속화장실에는 세면대, 비상연락장치, 리넨 보관함이 설치되어 있다. 화장실문은 넓은 문 폭을 확보하기 위해 2단 접이식의 미닫이문이며, 문 손잡이는 막대형이다. 바닥은 복도와 같은 목재의 플로링을 사용하여 깔끔하고 청결한 이미지이다.

양변기 주변에는 안전손잡이가 설치되어 있으며, 특히 용변을 볼 때 몸의 균형을 잃기 쉬운 노인을 위해 양변기 전면에 접이식 손잡이도 있다. 거주노인은 각자 거주실 부속화장실을 이용하므로 손쉬운 수발을 위해 기저귀 등의 리넨을 수납하는 가구가 양변기 상부에 설치되어 있으며, 별도의 화장실 표식은 없다.

거주실 부속화장실의 반대쪽에는 세면대가 설치되어 있으며, 하부에는 여유공간과 함께 배관 덮개가 있다.

6. 디자인이 서로 다른 거주실문
7. 시설에서 제공한 침대와 서랍장
8. 거주실 입구에 있는 전실
9. 부속화장실의 수납가구와 안전손잡이
10. 하부에 여유공간이 있는 거주실 입구의 세면대

공용거실 겸 식당

공용거실 겸 식당은 거주단위 중앙에 위치하고 있다. 10명이 가족처럼 지낼 수 있도록 공용거실 겸 식당 좌우에 다다미방과 아일랜드형 간이부엌이 배치되어 있다. 4인용 식탁이나 TV 등은 거주노인의 신체특성이나 인간관계 형성 등 거주단위의 특성에 맞춰 자유롭게 배치되어 있다. 다다미방은 차를 마시거나 낮잠을 자는 등 좌식생활에 익숙한 노인들을 위해 마련된 공간으로 작은 탁자와 소파가 놓여 있다. 세면대는 식사 전에 이용할 수 있도록 복도에 설치되어 있다.

밥은 거주단위 내 간이부엌에서 하며, 반찬이나 국은 1층 조리실에서 만들어 운반한다. 몸이 건강한 노인은 식사 준비나 설거지 등을 도울 수 있다. 아일랜드형 간이부엌은 직원이 일을 하면서도 거주노인들의 모습을 지켜보거나 이야기할 수 있는 배치이다. 작업대는 거주노인과 함께 일을 할 수 있을 정도로 넓으며, 화재의 위험이 없는 전기가열대가 설치되어 있다. 아일랜드형 작업대 뒤에는 직원이 사용하는 개수대가 있으며 냉장고, 식기, 전자레인지, 전자조리기, 전기밥솥 등이 놓여 있어 가정적인 분위기이다.

공용거실 겸 식당으로 출입하기 위한 별도의 문이나 커튼은 없어 개방적이며, 복도와 단차가 없어 접근이 용이하다. 폭 넓은 발코니 창으로 채광과 환기 상태가 좋으며, 실내 쪽에 전통적인 느낌을 주는 장지문이 설치되어 있다. 부지 동쪽 1층에는 정원이 있으며 각종 수목을 심어 계절감을 느낄 수 있다. 2, 3층의 발코니는 반찬 등의 재료를 말리거나 빨래를 널어 생활감을 느낄 수 있다.

플로링과 단색 벽지로 마감된 실내는 거주단위별로 직원들이 직접 디자인과 색상을 선택하였기 때문에 거주단위마다 서로 다른 분위기이다. 디자인이 다른 조명기구를 사용하지만, 전체적으로 주광색 형광등의 반직접/반간접 조명을 사용하고 보조적으로 국부조명을 사용하고 있다.

직원실은 별도로 두지 않고 간이부엌 한쪽에 간단한 서류작업을 할 수 있는 사무공간이 있다. 큰 사무공간이 거주단위 내에 있으면 가정적인 분위기를 저해하기 때문에 최소한의 공간만 확보하고 있다. 사무공간 옆에는 현관이나 엘리베이터를 이용하는 노인들을 관찰할 수 있는 창이 설치되어 있다.

11. 가정적인 분위기의 공용거실 겸
    식당
12. 거주단위 특성에 따라 가구배치가
    다른 공용거실 겸 식당
13. 거주노인과 함께 요리할 수 있는
    아일랜드형 부엌
14. 계절감을 느낄 수 있는 공용거실
    겸 식당 앞의 정원
15. 공용거실 겸 식당 한쪽의 다다미방
16. 간이부엌 한쪽에 설치된 사무공간

공용화장실

거주단위별로 공용화장실 1개가 공용거실 겸 식당과 근접한 곳에 설치되어 있어 자신의 방에 있는 부속화장실까지 가지 않고도 손쉽게 이용할 수 있다. 직원 측면에서도 거주실 부속화장실보다 넓어 휠체어 사용노인의 배설수발이 용이하다. 화장실문이나 문손잡이, 위생기구, 안전손잡이, 실내마감재는 거주실 부속화장실과 거의 동일하나 세면대의 디자인은 다르다. 세면대 하부에 여유공간은 있으나 배관이 노출되어 있으며, 자동감지형 수전과 세면대 상부 벽에 수직거울이 있다.

공용화장실의 안내표식은 문옆 벽에 누구나 화장실임을 식별할 수 있는 그림이 걸려 있고, 문에는 작은 반투명창이 있어 사용 여부를 확인할 수 있다.

공용욕실

거주단위마다 리프트 은폐용 욕조가 있는 공용욕실이 있다. 욕조는 노인의 신체상황에 맞춰 이용할 수 있는 타입으로, 건강한 노인이 사용할 때는 리프트를 수납하여 가정용 욕조처럼 이용할 수 있다. 직원이 2~3방향에서 수발할 수 있도록 욕조 주변에 공간이 확보되어 있다. 공용욕실은 창이 있어 자연채광과 환기가 가능하며, 벽이나 천장이 목재이어서 따뜻한 느낌이다. 탈의실에는 세탁기, 건조기, 리넨 가구 등이 설치되어 있으며, 오물처리실과 인접하여 직원의 수발동선 단축에 유효하다.

3층에는 공용욕실 외에 기계욕실이 별도로 설치되어 있다. 기계욕실에는 일반적으로 기계욕조를 설치하나 나무 욕조를 설치하여 직원이 리프트를 수동으로 작동시킴으로써 거주노인이 불안해 하지 않고 기분 좋게 입욕할 수 있도록 배려하고 있다. 탈의실은 기계욕실과 공용욕실이 함께 이용하며 간이침대가 마련되어 있다.

17. 공용화장실의 안내표식과 막대형 손잡이가 있는 미세기문
18. 접이식 안전손잡이가 설치된 공용화장실 양변기
19. 공용욕실의 리프트 은폐용 욕조
20. 기계욕실의 이동용 침대
21. 공용욕실과 기계욕실에서 함께 사용하는 탈의실
22. 단차가 없는 공용욕실 입구

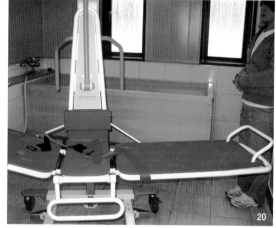

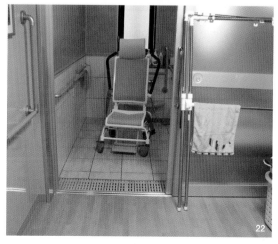

복도, 담화코너

복도는 요철을 두고, 조금 어긋나게 실들을 배치하여 시설적인 분위기를 완화시키고 있다. 천장은 긴 복도의 느낌을 주지 않도록 높이를 달리하거나 곳곳에 공간을 분절시키는 칸막이가 설치되어 있다. 벽에는 거주단위의 정보는 물론 거주노인의 작품을 걸 수 있는 게시판이 있고, 복도 곳곳에도 그림 액자 등이 걸려 있다. 안전손잡이는 기성품을 사용하지 않고, 자체 제작한 것이다.

공용거실 겸 식당 옆에 설치된 담화코너는 2~3명이 차를 마시면서 이야기를 나눌 수 있도록 의자와 탁자가 마련되어 있다. 거주단위에 따라 이곳을 휠체어 보관 코너로 이용하기도 한다. 복도 끝에 있는 담화코너는 직원이나 다른 거주자의 시야에서 벗어나 마음에 맞는 거주자끼리 이야기를 나누거나 혼자 쉴 수 있는 공간이다.

지원 · 관리영역

사무실

일반적으로 사무실은 현관 옆에 배치하는 경우가 많지만, 이곳은 1층 안쪽에 배치되어 있다. 시설적 이미지를 주지 않고 가정집에 방문한 인상을 주고자 하는 계획의도이다. 사무실 문은 목재로 되어 있으며, 문에 큰 유리를 끼워 개방된 느낌을 준다.

오물처리실

탈의실에 인접해 있는 오물처리실은 거주단위의 중앙에 위치하며 수발동선 단축에 유효하다. 거주실이나 공용거실 겸 식당에서 노인을 수발한 후 오물을 용이하게 처리할 수 있도록 오물처리실 입구도 탈의실과 복도 양쪽에서 출입할 수 있다. 리넨 수납가구는 복도 벽 곳곳에 붙박이 가구를 만들어 수납공간을 확보하고 있다.

23. 지루하지 않은 복도의 다양한 입면
24. 복도 끝에 마련된 담화코너
25. 긴 복도를 적절히 분절시키는 천장 디자인
26. 1층 사무실
27. 눈에 잘 띄지 않는 사무실 입구

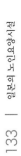

기타 지원 · 관리공간

1층 주 출입구 현관 옆에는 상담 · 회의실을 배치하여, 가족과 상담하는 장소로 이용되기도 한다. 조리실은 시설정원이 29명이므로 작은 크기이다. 가능한 한 직원공간을 최소화하고 거주자의 생활공간을 많이 확보하기 위해, 남자직원 탈의실은 1층 사무실을, 여자직원 탈의실은 2층 의무실을 겸용하고 있다. 시설 전반적으로 사무실 등 직원공간을 거주자의 생활공간에서 떨어진 곳에 배치하여 시설적인 분위기를 주지 않도록 배려하고 있다.

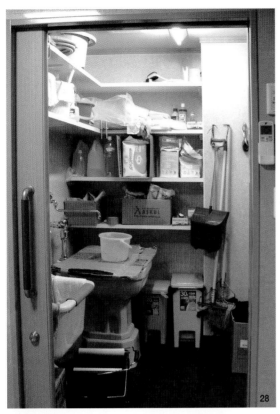

28. 탈의실과 인접한 오물처리실
29. 수발동선을 고려하여 두 면을 개방한 오물처리실 입구
30. 복도에 설치된 리넨 수납장

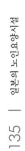

12 엔젤헬프호난
エンゼルヘルプ方南

소재지 일본 토쿄토 스기나미쿠(東京都杉並區方南) **ㅣ 시설유형** 소규모 다기능거택개호, 단기입소시설, 그룹홈 **ㅣ 정원** 48명
개원년도 2006년 **ㅣ 운영자** 주식회사 **ㅣ 대지면적** 1,279m² **ㅣ 건축면적** 623m² **ㅣ 건축특성** 4동, 지하 1층, 지상 2층

엔젤헬프호난은 단독주택이 많고 공원과 상점이 있는 주택지에 위치하며, 역에서 도보로 3분 거리이다. 주택지이기 때문에 주변 경관을 해치지 않으면서 자연스럽게 스며들며, 서로 도우며 살아가는 온정을 느낄 수 있도록 계획되었다. 거주노인과 직원이 함께 인근 상점으로 쇼핑을 가는 등 지역의 일원으로서 좋은 관계를 구축하고 있다. 직원 스스로 지역자치회의 임원으로 활동하거나 거주노인도 지역의 라디오 체조, 방범활동에 참가하는 등 자치회 활동에 적극적이다.

소규모 다기능거택개호의 정원은 25명이며, 그룹홈은 18명, 단기입소시설은 5명이다. 소규모 다기능거택개호의 수발직원은 11명이며, 일반형 주간보호시설 이용자와 숙박자 등을 수발하고 있다. 그룹홈은 1.8명당 직원 1명 비율로 배치되어 있다. 거주노인 9명이 하나의 거주단위이므로, 거주단위당 수발직원은 5명씩 배치되어 있는 셈이다. 거주노인과 직원은 모두 개인 옷을 입고 생활하며, 양말에 슬리퍼나 실내운동화를 신고 생활한다.

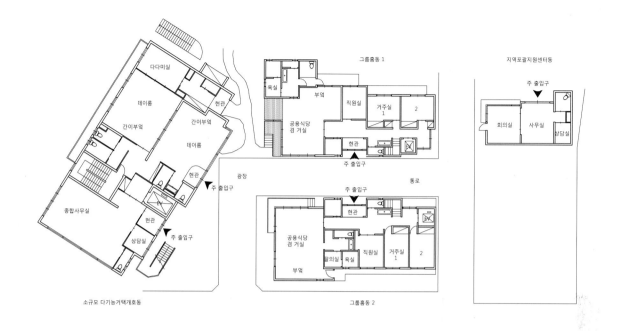

1층 평면도

그룹홈동 1

욕실
부엌
직원실
거주실 1
2
공용식당 겸 거실
현관
주 출입구

지역포괄지원센터동
주 출입구
회의실
사무실
상담실

다다미실
데이룸
간이부엌
간이부엌
현관
데이룸
종합사무실
현관
상담실
주 출입구
주 출입구
현관
광장

통로

주 출입구
현관
공용식당 겸 거실
탈의실
욕실
직원실
거주실 1
2
부엌

그룹홈동 2

소규모 다기능거택개호동

N 0 1 2 5 10m

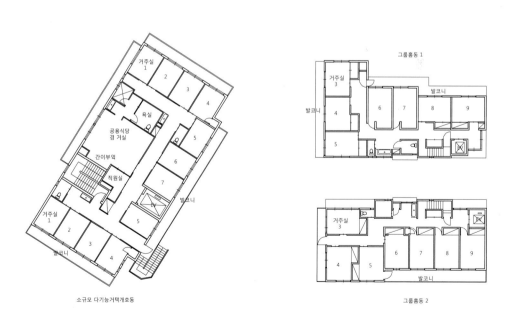

2층 평면도

그룹홈동 1

거주실 1
2
3
4
욕실
공용식당 겸 거실
간이부엌
직원실
거주실 1
2
3
4
5
6
7
5
발코니

거주실 3
발코니
4
5
6
7
8
9
발코니

소규모 다기능거택개호동

거주실 3
4
5
6
7
8
9
발코니

그룹홈동 2

공간배치 특성

그룹홈 2동, 소규모 다기능거택개호 1동(단기입소시설과 주간보호시설 포함), 지역포괄지원센터 1동의 총 4개의 건물로 구성된 복합시설이며, 각 기능을 분동화시켰다. 역에서 내려 상점가를 지나 주택지에 들어서면 공원에 접하게 된다. 공원 옆에 지역포괄지원센터가 있으며, 2개의 그룹홈 건물 사이에 있는 골목길을 따라 가면 작은 광장과 소규모 다기능거택개호 건물이 보인다. 이처럼 엔젤헬프호난은 지역에 작은 마을을 만든다는 개념으로 계획되었다.

각 건물들은 지상 2층 이하로 계획하여 접지성이 높으며, 건물의 규모가 일반 주택규모이므로 자연스럽게 마을에 스며들고 있다. 소규모 다기능거택개호 건물은 철근콘크리트조로 지하 1층과 지상 2층 규모이다. 경사지를 이용하여 채광을 충분히 확보한 지하 1층에는 일반노인형 데이룸, 일반욕실과 기계욕실, 세탁실 등이 있다. 지상 1층에는 현관이 3개 설치되어 있으며 종합사무실, 상담실, 치매노인대응형 데이룸, 소규모 다기능거택개호의 데이룸으로 출입할 수 있다. 2층에는 단기입소시설의 거주실 5개, 소규모 다기능거택개호의 거실 겸 식당, 숙박실 7실, 욕실 등이 배치되어 있다.

그룹홈 건물은 지상 2층 목조로 서쪽과 동쪽에 배치되어 있다. 1층에는 공용거실 겸 식당, 욕실/탈의실, 휴게실, 거주실 2개, 사무실이 있으며, 2층에는 거주실 7개가 배치되어 있다. 지역포괄지원센터는 지상 1층의 목조건물로 사무실 겸 직원회의실, 상담실 등으로만 이루어진 작은 규모이다.

실내는 악취나 화학물질을 흡착하는 성질이 있는 하얀 규조토로 벽을 마감하였고, 목재를 많이 이용하여 따뜻한 느낌을 준다.

거주영역

노인요양시설은 휠체어나 간이침대의 이동을 항상 염두해 두기 때문에, 필연적으로 공간들이 넓고 다양한 베리어프리의 설비를 갖추는 것이 일반적이다. 이로 인해 가정집과는 다른 시설적인 분위기가 되거나 자립 가능한 노인도 점차 베리어프리 설비에 의존하게 되어 결국 신체능력 저하를 초래하는경향이

1. 공원 옆에 위치한 지역포괄지원센터
2. 2층 그룹홈 건물
3. 2개의 그룹홈 건물 사이에 있는 골목길과 광장
4. 소규모 다기능거택개호 건물과 2개의 그룹홈 건물이 보이는 광장

있다. 이러한 점을 해결하는 대안으로서 이곳은 가정집을 표준으로 한 디자인에 초점이 맞춰져 있으며, 가능한 한 거주노인끼리 공동생활을 통해 서로 돕고 스스로 생각하여 신체를 사용하도록 유도하고 있다.

그룹홈은 일본의 목조 재래공법 모듈을 채용하였고, 가정집처럼 느낄 수 있도록 복도 폭이나 천장높이를 가능한 한 좁고 낮다. 거주노인의 경년변화를 고려하여 휠체어 진입로를 별도로 설치하는 등 안전손잡이 설치나 단차 해결에도 배려하고 있다.

그룹홈 현관 입구의 3단 높이의 계단은 노인이 사용하기에 불편해 보이지만, 가정집을 방문한 듯한 인상을 준다. 현관 외부의 작은 우편통, 작은 조명, 우산통, 목재 마감재 등의 디테일도 가정집과 동일하다.

거주실

그룹홈의 거주실은 모두 다다미방이며 바닥에 이불을 깔고 잔다. 거주노인 중에 휠체어 사용노인이 없기 때문에 좌식생활을 하는 데 지장이 없다. 거주실에는 붙박이장과 높이가 낮은 장롱이 있다. 그 외의 가구는 노인이 예전에 사용했던 것들이다. 거주실 부속화장실이 설치되어 있지 않기 때문에 복도에 있는 공용화장실을 사용하고 있다. 거주실 앞에는 발코니가 있으며, 시건장치를 하지 않아 거주노인이 자유롭게 드나들 수 있다. 가정용 에어컨이 설치되어 있어 거주실별로 개별 냉방이 가능하며, 바닥 난방이 되지 않기 때문에 전기장판 등을 사용하기도 한다.

단기입소시설과 소규모 다기능거택개호의 거주실에는 플로링방과 다다미방의 두 가지 유형이 있어, 거주노인의 요구나 신체상황에 맞게 제공하고 있다.

가정집과 비슷한 크기의 미닫이문이 설치되어 있고, 긴 고리형의 문손잡이가 있으며, 문턱이나 단차가 없어 드나들기가 용이하다.

가정집의 분위기를 위해 거주실 입구에는 표식이 없다. 실내에 노인의 안전을 위해 비상연락장치는 설치되어 있으나, 시설규모가 작고 언제나 쉽게 접근할 수 있기 때문에 거의 사용되지 않는다.

붙박이장

다다미방

발코니

거주실 평면도

5. 가정집과 같은 그룹홈 현관의 외부
6. 벤치가 놓인 그룹홈 현관의 내부
7. 공원이 보이는 거주실 앞 발코니
8. 다다미방 거주실(그룹홈)
9. 플로링방 거주실(단기입소시설)

공용거실 겸 식당

그룹홈의 공용거실 겸 식당은 1층에 있으며, 세탁물 등을 건조할 수 있는 선룸과 테라스가 있다. 자연통풍이 자연채광과 좋은 남향에 면하여 따뜻하고 밝은 분위기이다. 주방이 별도로 설치되어 있지 않기 때문에 부엌에서 식사 준비에서 설거지까지 모두 하며, 식사재료는 인근 상점에서 사온다. 식사 준비, 배식, 설거지 등 거주노인의 참여를 유도하기 위한 아일랜드형의 넓은 작업대가 있다. 싱크대도 보통 가정집과 동일한 종류이며, 안전상 기피하는 경향이 있지만 치매노인을 위해 가스레인지가 비치되어 있다. 식기는 거주노인 개개인의 것을 사용한다. 그 외 세탁물 정리 등 가사 일을 거주노인이 도와준다.

안내표식이 없고, 바닥을 목재 마루로, 벽과 천장을 회벽과 나무로 마감하여 전체적으로 따뜻한 느낌이다. 가구도 가정집처럼 TV, 식탁, 의자, 작업대 등 다양하며 바닥난방이다. 스위치는 거주노인들보다는 직원들이 주로 조작하므로 높은 위치에 설치되어 있다.

공용화장실

거주실 부속화장실이 없는 그룹홈에는 각 층에 공용화장실이 2개씩 있다. 1층 복도에 있는 공용화장실은 사용하지 못하게 하여(수리 중 표기) 2층에 있는 공용화장실로 유도하고 있다. 이는 거주자가 가능한 한 계단을 오르내리면서 간접적으로 운동을 할 수 있도록 운영주체가 의도한 것이다. 2층 화장실문도 미닫이문과 여닫이문의 2종류 타입이 있는데 한쪽에는 소변기가 있고 다른 한쪽에는 양변기만 있다. 주간보호시설과 소규모 다기능거택개호의 데이룸에도 2개씩 설치하여 여유가 있다. 각 데이룸에는 소변기가 있는 화장실이 1개 이상 설치되어 있다.

그룹홈 화장실은 휠체어가 회전하기에는 좁은 넓이이다. 문턱이나 단차가 없고, 양변기 및 소변기 주변에는 안전손잡이가 있으며, 세정장치는 레버형이고 샤워기는 없다. 실내 마감은 목재 플로링과 벽지이며 채광과 통풍이 잘 되기 때문에 밝고 청결한 느낌이다. 소변기는 벽걸이형이어서 바닥 청소가 쉬워 청결함을 유지하기에 유리하다. 화장실문에는 사용 여부를 알 수 있도록 작은

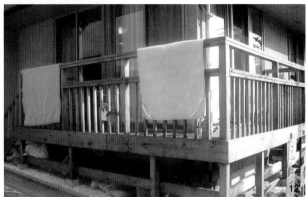

창을 내어 두었다.

거주실에 세면대가 없기 때문에 복도에 있는 공용 세면대를 사용하며, 여럿이 사용하기 편리하도록 폭이 넓다. 공용거실 겸 식당에도 식사 후 바로 양치질을 할 수 있도록 세면대가 마련되어 있는데, 다른 거주자가 보이지 않는 위치에 있다. 세면대는 스테인리스로 되어 있고 하부에 여유공간이 있으며, 하부는 수납장으로 처리되어 있다.

공용욕실

욕실은 가정집과 비슷한 크기이며, 욕조는 바닥에서 400mm 높이로 쉽게 들어 갈 수 있으며, 2방향에서 수발할 수 있다. 욕실 및 탈의실은 창이 있어 채광과 통풍이 확보된다. 주간보호시설과 소규모다기능거택개호 이용자용 욕실은 지하 1층에 있으며 여러 명이 입욕 가능한 일반욕실이 1개, 휠체어 사용 노인을 위한 기계욕실 2개가 마련되어 있다.

복 도

그룹홈의 복도는 폭이 좁으며, 안전손잡이가 없다. 몸이 불편한 거주노인이 동시에 지나가기에는 좁지만, 멈춰 서서 이야기를 나누기도 한다. 기능성을 중시한 직선적인 벽면이 아니라 많은 요철이 있어 율동감을 느낄 수 있다. 복도의 막다른 곳에는 개구부, 테라스 등이 설치되어 있으며, 복도 세면대 상부에도 창을 두어 자연채광을 확보하고 있다.

그룹홈에 설치된 계단 폭은 약 1m 정도로 좁으며, 양쪽 벽면에 안전손잡이가 설치되어 있다. 계단 옆에는 엘리베이터가 설치되어 있지만, 노인들이 계단을 오르내리면서 다리 근력을 키우도록 계단사용을 유도하고 있다. 일상생활을 하면서 현재의 신체능력이 유지되도록 하는 운영방침이 반영된 것이다.

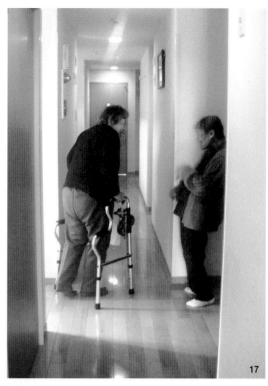

16. 가정용 욕조가 설치된 공용욕실
17. 폭이 좁은 복도(그룹홈)
18. 폭이 좁은 계단(그룹홈)
19. 계단 옆의 엘리베이터(그룹홈)

지역교류공간

지역교류실은 없지만 지역주민이 자유롭게 시설 부지 내 골목길을 드나들어 자연스럽게 지역교류가 발생하고 있다. 특히 거주노인과 함께 인근 상점에 가서 식사재료를 구입하고 있어, 상점 주인과 인간관계도 잘 형성되어 있다. 예를 들어 치매노인이 직원에게 알리지 않고 시설 외부로 나갔을 경우에도 상점 주인이나 지역주민이 거주노인의 얼굴을 알기 때문에 바로 시설로 연락을 준 사례도 있다.

건물의 모퉁이에는 지역주민이 잠시 걸터 앉을 수 있는 벤치가 마련되어 있다. 광장 앞 화단은 인근 유치원생들이 가꾸어 주기도 하여 노인과 어린이들의 교류도 자연스럽게 발생하고 있다. 그 외 2개월마다 지역주민이 참여하는 운영추진회의를 개최하고 있으며, 지역주민의 자원봉사자가 방문하여 식사 준비를 도와주기도 한다.

지원 · 관리영역

사무실 · 직원실

방문개호사업소와 겸용하는 종합사무실은 소규모 다기능거택개호 건물 1층 현관 옆에 있어 드나드는 사람들과 자연스럽게 얘기를 건넬 수 있다. 종합사무실 옆에는 상담실이 배치되어 있으며, 회의실이나 시설장실은 없다.

그룹홈의 직원실은 현관 바로 앞에 있어 거주노인이나 방문객의 출입을 쉽게 알 수 있다. 일반 거주실과 구별되지 않는 계획으로 직원실 출입문도 장지문으로 디자인되어 있어 가정적인 분위기를 저해하지 않는다. 직원실은 다다미방에 좌식 테이블을 이용함으로써 감시하고 있는 느낌을 없애며, 노인과 시선 높이를 맞추려는 배려를 엿볼 수 있다. 소규모 다기능거택개호의 직원실 역시 다다미방에 좌식 테이블이 놓여 있으며 개방된 인상을 주고, 엘리베이터 앞에 배치되어 있어 외부 방문객이나 거주노인의 출입을 관리할 수 있다.

20. 인근 유치원생들이 가꾸고 있는 그룹홈 앞의 화단
21. 지역주민이나 거주노인이 걸터 앉을 수 있도록 설치한 벤치
22. 거주실과 차이가 없는 직원실(그룹홈)
23. 장지문을 통해 현관이 보이는 직원실(그룹홈)
24. 개방된 직원실(소규모 다기능거택개호 건물 2층)

세탁실 · 오물처리실

그룹홈 거주노인의 세탁은 1층 공용욕실 옆 탈의실에 비치된 가정용 세탁기를 이용하며, 세탁물은 공용거실 겸 식당 앞에 설치된 선룸이나 옥상의 세탁건조장을 이용한다. 세탁물이 널려 있는 풍경은 가정집과 같은 인상을 준다. 오물처리실은 공용욕실과 공용거실과 가까운 곳에 있어 직원의 수발동선 단축에 유효하다.

주간보호시설과 소규모 다기능거택개호 이용자의 세탁은 동일 건물 지하 1층의 세탁실에서 한다. 대형 세탁기와 가정용 세탁기가 놓여 있는 세탁실은 오물처리실의 기능도 겸하고 있다. 세탁실 옆에는 리넨 창고가 별도로 설치되어 있다.

주간보호시설

주간보호시설의 데이룸은 소규모 다기능거택개호 건물의 지하 1층과 지상 1층 배치되어 있다. 지하 1층의 데이룸은 건강한 노인을 대상으로 하는 일반노인형으로 공용거실 겸 식당과 부엌이 있으며 화장실 2개가 인접해 있다. 지하에 있지만 경사지를 이용하여 충분한 자연채광과 통풍을 확보하고 있다.

지상 1층 데이룸은 소규모 다기능거택개호와 치매노인대응형 주간보호시설 이용자를 위한 공간이다. 많은 인원이 사용하기 때문에 큰 규모의 공간이 되기 쉽지만, 기능별로 공간을 구획하고 있다. 남쪽 공간은 소규모 다기능거택개호의 데이룸이며, 북쪽 공간은 치매노인대응형 데이룸이다. 각 데이룸은 2개의 화장실과 인접 배치되어 있다.

데이룸 이용 노인도 직원과 동행하여 인근 상점에서 식품을 구입하며, 식사 준비나 설거지 등을 돕도록 참여를 유도하고 있다. 그 외 세탁물을 정리하는 등 가사 일도 도와주고 있다.

25. 세탁실 겸 오물처리실(소규모 다기능거택개호 건물)
26. 기능별로 공간을 구획한 2개의 데이룸(소규모 다기능거택개호 건물 1층)
27. 자연채광이 좋은 일반노인형 데이룸(지하1층)
28. 1층 데이룸에 마련된 휴식을 취할 수 있는 다다미방(1층)

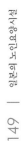

13 케마키라쿠엔
けま喜楽苑

소재지 일본 효고켄 아마가사키시(兵庫県尼崎市) **ㅣ 시설유형** 특별양호노인홈, 단기입소시설 **ㅣ 정원** 70명 **ㅣ 개원년도** 2001년
운영자 사회복지법인 **ㅣ 대지면적** 2,076m² **ㅣ 건축면적** 1,241m² **ㅣ 건축특성** 지하 1층, 지상 3층

Japan

케마키라쿠엔은 아마가사키시 북동부의 전원지구로 오랜 역사를 가진 주택지에 위치하고 있다. 건물 동쪽에는 느티나무와 벚나무가 무성한 공원이 있으며, 북쪽에는 생산녹지로 지정된 밭과 접하고 있어 녹지가 풍부하고, 역에서 도보로 12분 정도 거리이다. 도로 건너편에는 같은 법인에서 운영하고 있는 그룹홈과 치매노인대응형 주간보호시설이 있다.

시설 정원은 개설 당시 특별양호노인홈 50명, 단기입소시설 20명이었지만, 2001년 6월부터 특별양호노인홈 정원을 55명으로, 단기입소시설은 15명으로 일부 전환하였다. 수발직원은 총 33명이며 거주노인 1.6명당 수발직원 1명 비율로 배치되어 있다. 2, 3층에 각각 25명의 노인이 거주하고 각 층마다 9명의 상근 직원과 시간제의 비상근 직원이 근무하고 있다. 간호사는 2명의 상근직원과 1~2명의 비상근직원이 있다.

1층 평면도

3층 평면도

공간배치 특성

주변의 풍부한 녹지를 잘 활용하여 거주 부분은 개방성을 가지며, 입면 구성은 리듬감을 가진 개구부로 표정이 풍부하다. 지하 1층, 지상 3층의 건물로 1층에는 일반노인형 주간보호시설, 단기입소시설 15실, 특별양호노인홈 5실 (준공 후 1층 단기입소시설 20실 중 5실을 변경)로 구성되어 있다. 2층과 3층에는 거주단위가 3개씩 있다. 각 거주단위에는 거주실이 6~10개까지 다양하다. 지하층에는 자연채광과 환기가 좋은 주방과 기계실이 있다. 크고 작은 5개의 중정이 있어 자연채광과 환기가 잘 되며, 건물 곳곳에 시야가 확보되어 거주노인의 모습을 관찰하거나 주변상황을 파악하기가 쉽다.

건물에는 2개의 주 출입구가 있는데, 하나는 사무실에 면한 현관이며, 다른 하나는 거주노인의 주거 부분으로 직접 출입할 수 있는 현관이다. 현관이 2개 있는 것은 거주노인 가족이 직원을 의식하지 않고 자연스럽게 방문할 수 있도록 하기 위함이다. 두 현관은 목재 격자문으로 되어 있으며, 단차나 문턱이 없어서 휠체어 사용노인도 쉽게 드나들 수 있다.

거주영역

2~3층의 거주단위는 완전한 독립형 평면구성은 아니다. 즉, 기본생활은 거주단위 내에서 이루어지지만 다른 거주단위에 거주하는 사람들과도 쉽게 만날 수 있는 구성이다. 각 층은 3개의 거주단위로 구성되며, 거주단위는 1인실의 거주실과 소규모의 공용식당 겸 거실로 되어 있다. 그리고 식당, 공용욕실/탈의실, 직원실, 의무실, 오물처리실, 세탁실 등은 3개의 거주단위가 함께 사용하고 있다.

이곳에는 일본 노인의 신체조건에 맞도록 좌면이 낮은 모듈형 휠체어를 사용하고 있으며, 의자, 테이블, 세면대 등도 높이 조절이 가능하여, 거주노인의 이동기능과 일상생활자립도(ADL)을 위해 노력하고 있다.

1. 건물 곳곳에 설치된 중정
2. 자연채광의 유입에 효과적인 중정
3. 사무실에 면한 주 출입구 현관
4. 눈에 띄지 않는 시설의 안내표식
5. 거주노인 가족을 위한 현관

거주실

거주실의 출입구 부분이 알코브 형태로 되어 있어 거주실을 하나의 독립된 주거로 느껴지게 하며, 출입문을 완전히 개방하여도 복도에서의 시선을 적절히 차단시켜 준다. 거주실문은 쉽게 출입할 수 있는 목재 미닫이문이며, 문턱이나 단차가 없고, 세로홈 형태의 문손잡이가 있어 편리하다. 문패도 가정집에서 흔히 볼 수 있는 형태이다.

거주실에는 거주노인이 사용하던 가구와 물건들로 장식하고 발코니의 미닫이문에는 거주노인이 가져온 커튼을 설치하여 거주실마다 다른 분위기를 연출하고 있다. 창가 측에 목재 벤치를 만들어 그 하부에 난방설비를 감추고 있다. 그 외에 그림이나 액자를 걸 수 있는 픽쳐 레일과 TV 단자 등이 마련되어 있다.

거주실에 설치된 세면대는 하부에 여유공간이 있어 휠체어 사용노인도 접근이 용이하나, 배관이 노출되어 있고, 수전에 온도제한장치가 없어 주의를 기울여야 한다. 세면대 위에는 기저귀 등을 보관하는 수납기구가 있으며 수직거울이 설치되어 있다. 중앙난방방식이나 거주실에서 온도조절이 가능하고, 가정용 에어콘이 설치되어 있다.

거주실 평면도

거주실 출입구 옆의 부속화장실에는 양변기와 실금 수반용 샤워기가 있다. 휠체어가 회전하기에는 좁아 양변기를 45°로 배치하고 샤워기는 벽에 매입되어 있다. 출입문은 미닫이문이며, 양변기 양쪽에 가동형 안전손잡이가 있고, 비상연락장치와 버튼형 세정장치가 있다. 거주실 부속화장실에는 창이 없음에도 불구하고 환기설비를 잘 갖추고 있어 환기상태는 비교적 양호하다.

6. 가정집같은 분위기의 거주실
7. 거주실 입구의 알코브
8. 노인이 전에 사용하던 가구와 소지품
9. 거주실문 옆의 세면대와 부속화장실문
10. 거주실 부속화장실에 45°로 설치된
    양변기
11. 10번 사진의 왼쪽 벽면에 매입한
    실금 수발용 샤워기

공용거실 겸 식당

각 층에는 공용거실 겸 식당이 복도를 따라 여러 곳에 분산되어 있으며 각기 다른 크기의 테이블과 의자가 있다. 각 공용거실 겸 식당은 시선이나 소리를 느낄 수 있는 적절한 거리를 유지하고 개방감 있는 목재 격자벽을 두어 영역성을 부여하고, 가정집과 비슷한 규모이다.

복도와 경계를 짓는 문이나 커튼이 없어 문턱과 단차가 없고, 안내표식도 없어 가정집에서 거실과 방을 드나드는 것 같은 느낌이다. 안전손잡이를 설치하지 않는 대신 거주노인의 자립적인 생활을 최대한 유도하고 있다.

기본적으로 아침식사는 거주단위별로 공용거실 겸 식당에서 하며, 점심과 저녁은 각 층에 설치된 공용식당에 모여 다 같이 식사한다. 특히 아침식사는 거주자의 생활리듬에 맞춰 시간이 제 각각이다. 그리고 독립되어 있는 1개의 거주단위에서만 LDK로 구성된 공용거실 겸 식당에서 세 끼 식사를 한다. 오픈 키친이므로 거주노인이 식사 준비나 설거지를 돕는다. 공용거실 겸 식당에 별도로 설치된 세면대가 있어, 더럽혀졌을 때 신속히 세척할 수 있다.

지하 1층 주방에서 부식이나 수프류를 만들어 운반하고, 각 거주단위에서 작은 그릇에 옮겨 담는다. 식기도 거주노인이 개개인의 것으로 각 거주단위에서 보관하고 있다.

공용욕실

각 층마다 설치되어 있는 공용욕실은 목재로 된 욕조와 리프트가 설치된 욕조가 있다. 기본적으로 2방향 또는 3방향에서 직원이 수발할 수 있도록 욕조 주변에 여유공간이 있다. 욕실은 모두 중정에 면하여 큰 창을 설치하였기 때문에 자연채광이 좋으며, 거주노인은 중정을 바라보면서 느긋하게 목욕을 즐길 수 있다.

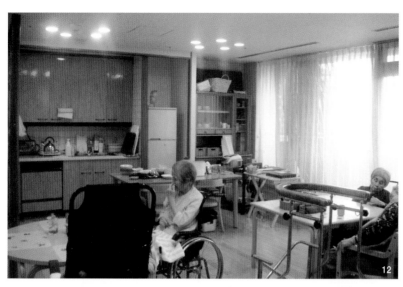

12. 가정적인 분위기의 공용거실 겸 식당
13. 주변 녹지가 보이는 아담한 크기의 공
    용거실
14. 2, 3층에 설치된 공용식당
15. 목재 격자를 이용한 공간 구획
16. 공용거실 모퉁이에 설치된 세면대

복도

복도는 건물 곳곳에 배치한 중정에 면하고 있어 계절감이나 시간의 흐름을 알 수 있다. 복도에 마련된 여러 개의 담화코너는 다른 사람과의 자연스러운 만남을 유도하며, 담화코너마다 테이블과 의자들이 다르게 설치되어 있어 원하는 위치나 사람 수에 따라 선택할 수 있다.

복도 벽면에는 안전손잡이를 설치하지 않아 가정적인 분위기이다. 거주노인 대부분이 휠체어 사용노인이며, 보행이 불편한 노인은 보행보조기나 가구를 사용한다.

다다미방 · 바

거주노인을 위한 담화공간 겸 문화공간이 시설 여러 곳에 마련되어 있다. 2층에는 일본 전통 다다미방을, 3층에는 카운터 바를 설치하여 거주노인이 자유시간을 활용하는 장소로 이용할 수 있다. 특히 다다미방은 가족 방문 시 숙박 장소로 이용되며, 가족이나 거주노인의 희망에 따라 임종 시에 이용되기도 한다.

지원 · 관리영역

사무실 · 직원실

1층 주 출입구 옆의 사무실은 도로에 면해 있고 창이 커서 직원들이 방문객을 쉽게 볼 수 있으며, 지역주민은 자연스럽게 시설의 직원과 접할 수 있어 일상적 교류가 발생할 수 있다. 2, 3층의 사무실은 각 층의 중앙부에 마련되어 있으며, 엘리베이터를 내리면 바로 사무실 카운터가 시야에 들어와 거주노인이 외출하거나 가족이 방문했을 때 대응하기 쉬운 위치이다.

17. 가구배치로 단조롭지 않은 복도
18. 담화코너로 이용되는 복도의 벤치
19. 다양한 용도로 활용되는 2층 다다미방
20. 담화공간으로 이용되는 3층 카운터 바
21. 도로에서 본 1층 사무실의 개방된 모습
22. 엘리베이터 앞의 1층 사무실

의무실 · 정양실

2, 3층의 사무실에 인접한 곳에 의무실과 잠시 안정을 취하고 쉴 수 있는 정양실이 배치되어 있다. 사무실과 의무실의 전실에는 싱크대가 설치되어 있다. 그 외 1층에는 상담실이나 영안실 등이 배치되어 있다.

주간보호시설

1층에 마련된 주간보호시설은 치매가 심하지 않은 일반노인을 대상으로 운영하고 있다. 식당 앞에는 테라스가 있는 중정 외에도 2개의 중정에 접하고 있어 자연채광이나 환기가 좋다. 바닥 등 실내 마감에 목재를 사용하여 차분하고 따뜻한 느낌을 준다.

　주간보호시설 이용자용 욕실은 건물 한 모퉁이에 배치되어 잠시 외출하는 기분이 들도록 계획되어 있다. 욕실은 혼자서도 이용할 수 있으며, 목재로 만든 욕조가 있는 욕실과 기계욕조가 있는 욕실로 나뉘어져 있다. 탈의실은 많은 이용자를 고려하여 넓게 계획되어 있으며, 바닥과 벽이 목재로 마감되어 따뜻한 느낌을 주고 천창과 유리블록으로 자연채광을 유입시켜 실내가 밝다.

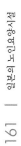

사쿠라신미야
さくら新宮

소재지 일본 효고켄 타쯔노시(兵庫県たつの市) **ㅣ 시설유형** 그룹홈 **ㅣ 정원** 18명 **ㅣ 개원년도 ㅣ** 2006년 **ㅣ 운영자** 유한회사
건축특성 지상 2층

Japan

사쿠라신미야는 시 외곽의 농촌지역으로 신흥 주택지가 혼재되어 있는 지역에 있으며, 노인 인구 증가가 예상되는 곳에 위치한다. 건물의 남쪽과 동쪽에는 논과 산이 보이며, 동쪽에 철도가 있지만 1시간에 1대 정도 운행되므로 소음이 크게 문제되지 않는다. 전망이나 채광 등이 좋은 전원풍경이며, 부지 전면에 대규모 주택단지가 있어 생활권과 인접한 곳이다.

그룹홈의 시설 정원은 18명으로, 직원은 총 15명이다. 거주자 1.13명당 수발직원 1명 비율로 상당히 많은 수발직원이 근무하고 있다. 거주자 9명이 하나의 거주단위이므로, 거주단위당 수발직원은 대략 7.5명씩(상근 환산 6.7명) 배치되어 있다. 거주노인과 직원은 모두 개인 옷을 입고 생활하며, 양말에 슬리퍼나 실내운동화를 신고 생활한다.

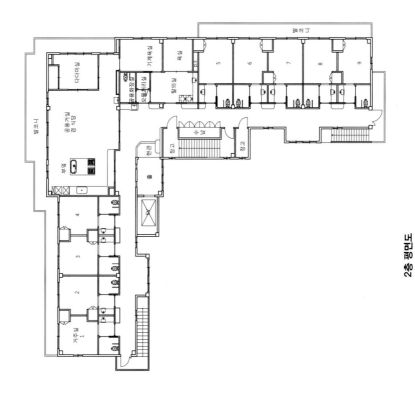

2층 평면도

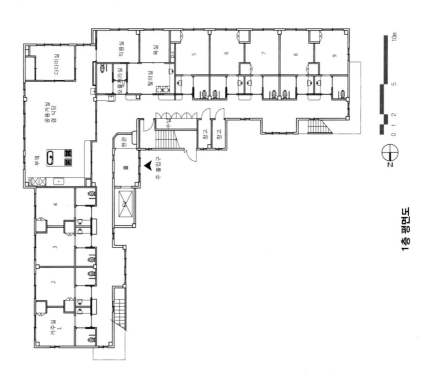

1층 평면도

공간배치 특성

철골조의 지상 2층 건물이며, 층별로 거주단위를 배치한 L자형 평면구성이다. 주변 자연환경이나 주택지와 어울리는 건물 형태이다. 1, 2층의 공간구성은 거의 동일하며, 1층에 기계욕실이, 2층에 직원실이 배치되어 있다.

그룹홈은 다른 시설로 입소하기 위한 일시적인 통과시설로 인식되는 경우가 많아, 노인들은 이주로 인해 새로운 환경에 대한 쇼크를 받는다. 이곳은 이를 해소하기 위해 중증이 되어도 수발서비스를 계속적으로 받을 수 있으며, 휠체어 사용을 고려해 강도가 큰 바닥 재료를 사용하고 기계욕실이나 거주자가 선택할 수 있는 다양한 장소를 마련하고 있다.

시설의 주 출입구는 가정집과 유사하며, 자동문으로 된 출입문을 들어서면 왼쪽에 엘리베이터, 오른쪽에 현관이 있다.

거주영역

거주단위는 거주실 9개, 공용거실 겸 식당, 담화코너, 공용욕실, 탈의실, 공용화장실, 오물처리실, 창고, 현관으로 구성되어 있다. 공용거실 겸 식당을 중심으로 북쪽에 거주실 4개, 서쪽에 거주실 5개가 있다. 공용욕실, 공용화장실, 오물처리실 등은 직원의 수발동선을 고려하여 평면 중앙에 위치하고 있다.

거주단위의 현관은 두 짝 미세기문이다. 현관을 들어서면 공용거실 겸 식당이 인접해 있어, 거주단위의 분위기를 쉽게 알아차릴 수 있다. 공용거실 겸 식당에는 외부 방문객이나 거주노인의 출입을 알 수 있는 작은 창이 설치되어 있다. 현관에서 공용거실을 거치지 않고 거주실로 바로 진입할 수 있다. 현관과 복도의 마감재를 달리하여 영역을 구분하고, 복도와 단차를 없애 휠체어 출입이 용이하다. 현관에는 걸터앉을 수 있는 벤치와 안전손잡이가 설치되어 있다.

1. 일반 가정집처럼 보이는 외관
2. 가정집 같은 주 출입구
3. 거주실 발코니에서 보이는 아름다운 주변자연환경
4. 바닥마감재로 영역을 구분하고 벤치가 있는 현관

거주실

거주실은 인근 지역의 주민들중 좌식의 다다미생활에 익숙한 사람이 많은 것을 고려해 모두 다다미방이다. 거주실에는 부속화장실, 세면대, 가정용 에어컨, 붙박이장이 기본적으로 비치되어 있다. 그 외 침대나 가구는 예전부터 사용하던 것을 가져올 수 있다. 거주실은 햇볕이 잘 드는 남향과 동향에 면해 있으며, 발코니와 단차가 없어 쉽게 나갈 수 있고 장지창을 통해 햇볕이 은은하게 스며들어 일본 전통적인 분위기를 느낄 수 있다. 벽은 단색벽지, 천장은 목재 마감이다.

거주실의 전실 양쪽에는 부속화장실과 세면대가 있다. 전실과 인접공간과는 단차가 없으며, 세면대 하부에 여유공간을 두어 휠체어 사용이 가능하다. 거주실 입구에는 벤치를 설치하여 거주노인이 공용거실 겸 식당의 분위기를 파악하거나 혼자 앉아 쉴 수 있다. 거주실 문패도 가정집과 같은 것을 사용하여 거주노인이 자신의 생활영역으로 인지하는 데 도움을 준다. 거주실 문은 목재 미닫이문이며, 노인이 개폐하기 쉽도록 세로 막대형 손잡이가 설치되어 있다.

거주실별로 가정용 에어컨을 설치하여 거주노인들이 필요에 따라 자유롭게 냉방을 조절할 수 있다. 전체적으로 백색 형광등의 반직접·반간접 조명을 사용하였고, 부분적으로 국부조명을 사용하고 있다.

거주실 부속화장실에는 양변기, 세면대, 비상호출기, 리넨 선반이 비치되어

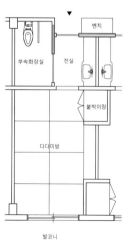

거주실 평면도

있다. 안전손잡이는 화장실 입구−세면대−양변기까지 연속적으로 연결되어 있다. 문은 노인이 사용하기 쉬운 미닫이문이다. 부속화장실은 창이 없어 자연채광이 안 되기 때문에 조명이 없으면 어둡지만 환기설비가 잘 되어 있어 냄새는 나지 않는다. 바닥 마감재는 플로링이며, 벽면 및 천장은 벽지 마감이다. 양변기 옆 벽면에는 안전손잡이와 비상연락장치가 설치되어 있다. 양변기의 세정장치는 레버형이며, 양변기 위에는 리넨을 수납하는 선반이 설치되어 있다.

5. 다다미방 거주실
6. 수납공간으로 이용되는 거주실 앞 벤치
7. 휠체어 사용이 가능한 세면대
8. 복도와 단차가 없는 거주실 출입구
9. 안전손잡이와 비상연락장치가 설치된 거주실
   부속화장실

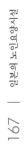

세면대는 거주실 전실과 부속화장실에 설치되어 있다. 전실에 설치된 세면대는 하부에 여유공간이 있어 휠체어 사용노인도 이용이 가능하다. 온도제한 장치는 없으며, 레버형의 수전이다. 부속화장실의 세면대 위에는 거울이 없지만, 전실에 설치된 세면대에는 거울이 있어 세안과 양치질이 가능하다.

공용거실 겸 식당

공용거실 겸 식당은 거주단위의 중앙에 위치하며 거실, 식당, 부엌, 다다미방으로 구성되어 있다. 평면의 모서리인 남향과 동향에 면해 있어, 햇볕이 잘 들며 전망이 좋다. 큰 미닫이문을 설치하여 복도와 영역이 구분되나, 유리문이어서 개방적이며, 문턱이나 단차가 없어 휠체어 이동이 용이하다. 6인용 식탁 2개와 TV 등이 놓여 있으며, 입구 쪽에 세면대가 있다.

남쪽에 일본의 전통적인 다다미방을 배치하여 앉아서 차를 마시거나 낮잠을 잘 수도 있고, 노래방 기기가 있어 노인들이 여가시간을 즐기는 다용도공간으로 활용되고 있다. 발코니가 넓어 빨래를 널거나 반찬거리를 말리는 용도로도 활용되고 있다.

부엌에는 직원이 일하면서 거주노인을 관찰할 수 있는 아일랜드형 작업대가 있다. 작업대에는 개수대, 전기가열대, 오븐 등이 있고, 폭이 넓어서 거주노인과 함께 작업할 수 있다. 거주노인의 대부분이 몸은 건강한 치매노인이므로 요리의 참여를 독려하고 있으며, 직원이 있을 때는 식칼 사용에도 제한이 없다. 아일랜드형 작업대 뒤에는 가정용 싱크대와 냉장고, 식기 수납장 등이 있으며, 싱크대 위에는 각종 조리기구 등이 놓여 있어 가정적인 분위기이다. 별도의 조리실이 없어 거주단위 내에서 모든 요리를 하기 때문에 부엌이 넓은 편이다. 바닥은 플로링이며, 벽은 단색 벽지, 천장은 벽지와 목재 마감이다. 주광색 형광등으로 된 반직접·반간접 조명을 사용하며 부분적으로 국부조명이 설치되어 있다.

부엌의 한 모퉁이에는 간단한 서류작업을 할 수 있는 작은 작업공간을 마련하여 가능한 한 가정적인 분위기를 저해하지 않도록 배려하고 있다. 작업공간 옆에는 개구부가 있어 직원이 부엌에서 있으면서도 거주노인의 현관 출입을 관찰할 수 있다.

10. 다다미방이 부속된 공용거실 겸 식당
11. 가정집처럼 주방기기가 충실히 비치된 부엌
12. 거주노인의 참여를 고려한 아일랜드형 작업대
13. 부엌 한쪽에 설치된 직원공간과 현관을 관찰할 수 있는 개구부

공용화장실

공용화장실은 공용거실 겸 식당과 어느 정도 거리를 둔 곳에 설치되어 있으며 공용욕실, 탈의실, 오물처리실에 인접 배치되어 있어 직원의 수발동선 단축에 유효하다. 거주실 부속화장실보다 여유 있는 넓이이어서 휠체어 사용노인의 수발이 용이하다. 넓은 미닫이문에는 세로 막대형 손잡이가 있고, 문턱과 단차가 없다. 내부에는 창이 없어 조명을 켜지 않으면 어둡지만, 환기설비가 잘 되어 냄새는 나지 않는다. 실내 마감은 거주실과 동일하며, 난색 위주의 배합과 유사색상의 조화를 통해 따뜻하고 가정적인 느낌을 준다. 화장실의 안내표식은 그림으로 되어 있으나 액자 및 다른 게시물들로 인해 식별이 어렵다. 조명기구는 센서로 작동이 되며, 안전손잡이 및 비상연락장치는 양변기 주변 벽에 설치되어 있다.

복도 쪽에 세면대가 별도로 설치되어 있다. 세면대 하부에 여유공간이 있으나, 배관이 노출되어 있고 수전 온도제한장치가 없다. 수전은 레버형이며, 거울은 설치되어 있지 않다.

공용욕실

거주단위에는 목재 욕조가 있는 공용욕실이 있다. 욕조는 노인이 혼자서 입욕하더라도 몸이 가라앉지 않는 크기로 안전하며, 직원이 3방향에서 수발할 수 있도록 욕조 주변에 공간이 확보되어 있다. 공용욕실의 입구에서 욕조까지 안전손잡이가 연속적으로 설치되어 있으며, 욕조 옆에 의자를 두어 휠체어 사용노인이 욕조까지 쉽게 접근할 수 있도록 배려하고 있다. 욕실에 큰 창이 있어 채광상태와 통풍, 환기도 좋다. 탈의실에는 세탁기, 건조기, 리넨 가구, 세면대 등이 비치되어 있으며, 탈의실과 인접한 곳에 오물처리실과 공용화장실이 배치되어 있다.

1층 거주단위에는 공용욕실과 인접하여 기계욕실이 설치되어 있으며, 앉은 자세를 유지하기가 곤란한 노인 등 중증 노인을 위한 설비가 확보되어 있다.

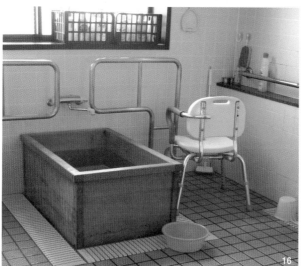

14. 공용화장실 입구에 설치된 세면대
15. 휠체어 회전이 가능한 넓이의 공용화장실
16. 3방향에서 수발이 가능한 욕조가 있는 공용욕실
17. 공용욕실 입구에서 욕조까지 연결된 안전손잡이
18. 세탁기와 건조기가 설치된 탈의실

복 도

거주실이 복도의 한 쪽에 배치된 편복도 형식이어서 복도에 창이 많아 자연채광이 좋다. 시설적인 분위기가 되지 않게 하려고 복도에 요철을 많이 두었고, 거주노인의 작품을 두어, 인지 능력이 낮은 치매노인이 자신의 방을 쉽게 찾을 수 있게 배려하고 있다. 휠체어 사용을 고려하여, 복도 바닥 마감재는 강도가 큰 플로링이며, 안전손잡이가 설치된 벽 하부도 목재 마감이어서 따뜻한 인상을 준다.

복도 중간에는 여러 명이 앉아서 이야기할 수 있는 담화코너가 2군데 설치되어 있다. 거주실 입구 옆에 설치한 목재벤치에서는 복도를 지나는 노인과 자연스럽게 이야기를 나눌 수 있다. 벤치 밑에는 리넨을 수납할 수도 있다.

지원ㆍ관리영역

사무실

사무실은 2층에 설치되어 있다. 일반적으로 사무실은 1층 주 출입구 가까운 곳에 설치하는 경우가 많지만, 이 시설은 2층에 설치하여 시설적인 이미지가 풍기지 않도록 배려하고 있다. 사무실은 공용거실 겸 식당, 탈의실로 통하는 문을 각각 설치하여 직원의 동선을 고려하고 있다.

오물처리실ㆍ리넨 수납장

오물처리실은 공용화장실과 탈의실의 중간에 배치하여 직원의 수발동선 단축에 유효하다. 오물처리실의 문은 양쪽 접이식문으로 활짝 열려 사용하기 편하다. 리넨은 탈의실 앞 복도에 만든 붙박이 수납장을 이용하거나, 그 옆에 별도로 설치한 창고 2개에 수납한다. 붙박이 수납장에도 안전손잡이가 설치되어 있어 거주노인이 몸을 지탱하며 연속적으로 걸을 수 있다.

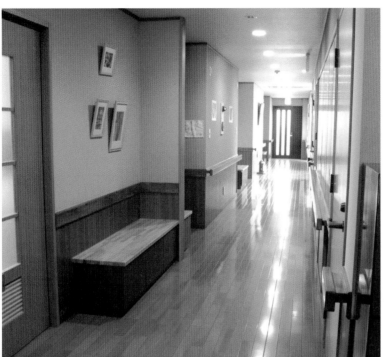

미나미카제
みなみ風

소재지 일본 카나가와켄 야마토시(神奈川県大和市) Ｉ **시설유형** 특별양호노인홈, 단기입소시설 Ｉ **정원** 100명 Ｉ **개원년도** 2005년
운영자 사회복지법인 Ｉ **대지면적** 5,477㎡ Ｉ **건축면적** 2,735㎡ Ｉ **건축특성** 지하 1층, 지상 2층

Japan

미나미카제는 역에서 도보 5분 거리의 조용한 주택가에 위치하고 있다. 부지는 동서로 긴 직사각형이며, 90m의 긴 면이 남쪽에
면하고 있어 입지조건이 좋다. 시설은 인접 주택이나 농지에 거부감을 주지 않는 형태이며, 전면도로에서 압박감을 느끼지 않는
건물높이이다. 식재를 이용한 울타리 설치, 낮은 층고, 3개로 분할한 건물 매스, 발코니의 루버와 처마하부에 격자 FRP 이용 등
주변환경을 최대한 고려하였다.

정원은 특별양호노인홈 92명, 단기입소시설 8명으로 총 100명이다. 직원은 총 79명(상근 환산 47명)으로 거주자 1.9명당 수발직
원이 1명이다. 거주자 8~12명이 하나의 거주단위이므로, 거주단위당 수발직원은 5.2명씩이다. 거주자와 직원은 모두 개인 옷을
입고 생활하며, 양말에 슬리퍼나 실내운동화를 신고 생활한다.

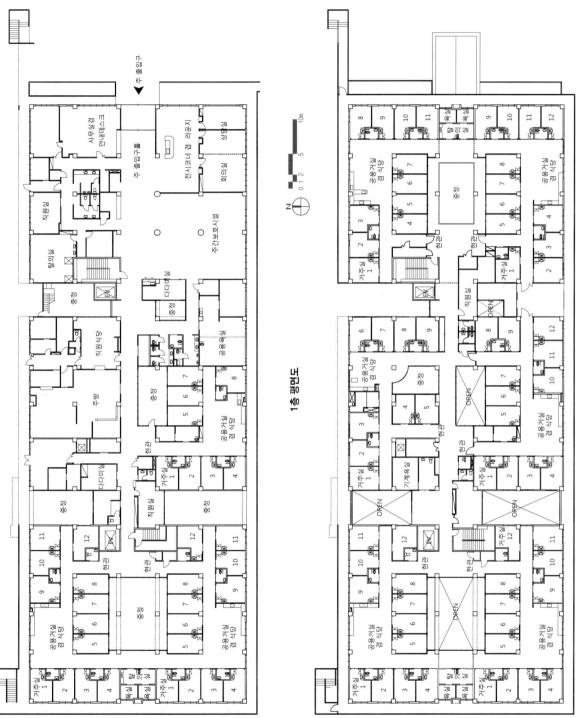

1층 평면도

2층 평면도

공간배치 특성

시설은 특별양호노인홈, 단기입소시설, 주간보호시설로 구성되어 있으며, 철근콘리리트조의 2층 건물이다. 1층의 동쪽 현관에서 건물 중앙까지는 관리·공급 부문과 주간보호시설 영역이며, 건물 중앙에서 서쪽까지는 거주노인의 생활영역, 중앙 남쪽에는 단기입소시설, 서쪽에는 특별양호노인홈이 배치되어 있다. 2층은 모두 거주노인의 생활영역으로 특별양호노인홈이 있다. 지하에는 레크리에이션활동 및 지역복지나 수발교육을 위한 공간으로 활용되는 다목적실과 거주노인의 수탁물을 보관하는 창고가 있다.

일반·관리 동선을 명확하게 하기 위해, 시설 내부공간을 3블록으로 분할하여 각 기능을 배치하고, 3블록을 관통하는 복도(메인 스트리트)가 중앙에 있다. 블록과 블록 사이, 거주단위와 거주단위 사이에 계획된 중정을 통해 자연채광과 통풍을 확보하고, 시설 내에서도 계절감을 느낄 수 있다. 옥상은 산책코스나 이벤트공간으로 이용하도록 철쭉 등 초목을 심어 산책로를 만들었고, 사고방지를 위한 철책과 무릎이나 허리에 부담을 덜 주는 바닥재가 깔려 있다.

주 출입구에는 비막이가 되는 큰 캐노피가 있으며, 주 출입구 문은 단차 없는 자동문이다. 현관에는 신발을 신을 때 앉을 수 있는 목재 의자와 신발장이 있다. 로비는 밝고 경쾌한 분위기이며, 목재 바닥 마감을 비롯하여 목재 재질의 자동문, 신발장, 가구 등을 사용하고 있다.

거주영역

1층에는 남쪽에 단기입소시설 1거주단위, 특별양호노인홈 2거주단위가 있고, 2층에는 특별양호노인홈 6거주단위가 있어, 총 9개의 거주단위로 구성되어 있다. 야간근무를 고려하여 2개의 거주단위가 인접배치되어 있다. 거주단위는 거주실(8~12실), 공용거실 겸 식당, 공용화장실, 공용욕실, 탈의실 등으로 구성되어 있다. 거주단위의 현관은 부드러운 인상을 주는 목재를 이용한 개방감 있는 디자인이다.

1. 캐노피가 설치된 긴 주 출입구
2. 목재가 많이 사용된 주 출입구 내부
3. 거주단위와 거주단위 사이의 중정
4. 계절감을 느낄 수 있는 중정
5. 산책코스로 이용되는 옥상정원
6. 개방감 있는 거주단위 현관

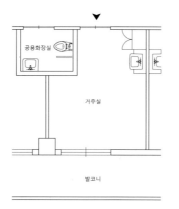

거주실 평면도

거주실

거주실은 다다미방 3실을 제외하고 모두 침대를 사용하는 방이며 부속화장실은 없고 세면대가 설치되어 있다. 시설에서 제공하는 가구는 침대, 옷장이며 거주노인이 예전에 쓰던 가구나 불단 등 개인물건을 가져올 수 있다. 취미활동으로 만든 작품을 장식하거나 걸 수 있도록 벽에 목재 걸이가 있고, 개인 희망에 따라 전화, 케이블, 인터넷 이용이 가능하다.

거주실 입구는 침대의 출입이 가능한 여유 있는 폭이며, 문 옆에 세로형 안전손잡이가 설치되어 있다. 거주실 안내표식에는 거주노인의 사진을 넣을 수 있다.

바닥은 비닐장판, 벽은 단색벽지, 천장은 목재 마감이며, 전체적으로 가구와 안전손잡이에 사용된 밝은 색상의 목재와 자연스럽게 어우러진다. 가정용 에어컨을 설치한 개별 냉방방식이며, 난방은 바닥 난방이다.

공용거실 겸 식당

거주단위의 중앙에 위치한 공용거실 겸 식당은 거실, 식당, 간이부엌이 하나의 공간으로 된 일체형 구성이다. 식탁 2개와 소파 등의 가구와 세면대가 비치되어 있으며, TV를 앉아서 볼 수 있도록 다다미를 깐 곳도 있다. 큰 창이 있어 자연채광이 좋은데, 특히 2층 북쪽 거주단위에는 천창이 있어 더욱 좋다.

식사는 각 거주단위별로 하므로 큰 식당은 없으며, 거주단위별로 시스템 키친이나 전자레인지 등 조리설비를 갖추고 있다. 직원이 간이부엌에서 작업하면서 거주노인들을 지켜볼 수 있는 아일랜드형 작업대를 둔 거주단위도 있다. 작업대는 건강한 노인이라면 이용할 수 있는 높이이지만, 대다수가 중증 노인이므로 한계가 있다. 밥은 각 거주단위에 비치된 전기밥솥으로 하고, 반찬이나 국은 1층 주방에서 만들어 운반한다. 식기는 거주노인이 원할 경우 개인용을 사용하며, 거주단위 내 선반에 보관한다.

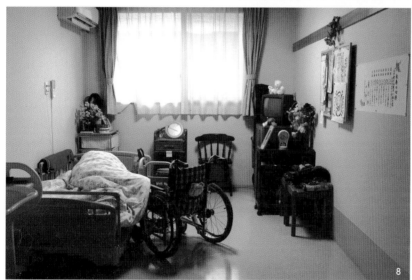

복도와 경계를 짓는 문이나 커튼이 없고, 단차나 문턱도 없으므로, 휠체어 이용노인이나 보행기 이용노인들도 쉽게 드나들 수 있다. 실내마감은 목재 플로링, 단색 벽지, 텍스 천장이며 난색계열의 동일색상으로 조화를 이룬다.

거주단위에 직원실은 설치되어 있지 않지만, 공용거실 겸 식당 모퉁이에 간단한 컴퓨터 입력 작업이 가능한 작업코너가 마련되어 있다. 또한 안내표식이 없는 등 시설적인 느낌을 주지 않도록 배려하고 있다.

공용화장실

거주실에 부속화장실이 없기 때문에 거주단위별로 4개의 공용화장실이 있으며, 거주자의 이용을 고려하여 주로 거주실과 거주실 사이에 배치되어 있다. 화장실문은 미닫이문이며, 입구 옆에는 막대형 안전손잡이가 있어 자세를 유지할 수 있다. 화장실문에 작은 안내표식이 있으며, 그 위에는 작은 창이 있어 화장실 사용 여부를 확인할 수 있다. 실내는 휠체어 회전이 가능한 넓이이며, 세면대는 자동감지형 수전방식이다.

공용욕실

공용욕실은 효율적인 사용을 고려하여 두 거주단위 사이에 배치되어 있다. 탈의실은 공동으로 사용하는데, 중앙에 커튼이 달린 양변기가 있으며 세면대, 오물처리설비, 세탁기 등이 있다. 욕조는 일반 가정용 타입과 리프트식 타입을 두어 신체상황에 맞게 선택할 수 있고 노인의 입욕은 프라이버시를 고려하여 1명씩 이용한다.

공용욕실에서 입욕 수발이 힘든 거주노인은 각 층에 설치된 기계욕실을 이용한다. 기계욕조 1대가 배치되어 있고, 탈의실은 휠체어 사용을 고려하여 넓으며, 간이침대나 긴 의자가 놓여 있다.

옥상에는 조망이 좋은 노천목욕탕이 설치되어 있는데 주로 여름에 이용한다.

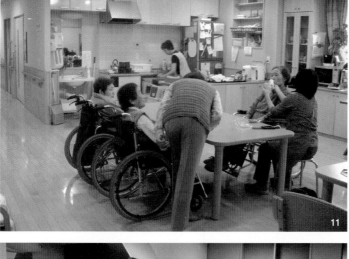

11. 공용거실 겸 식당에서 생활하는 노인과 직원들
12. 가정적인 분위기의 간이부엌
13. 공용화장실문 옆에 설치된 막대형 안전손잡이
14. 가정용 욕조가 있는 공용욕실
15. 기계욕조가 있는 기계욕실
16. 옥상에 설치된 노천목욕탕실

복도

거주단위와 거주단위 사이의 메인 스트리트에 있는 담화코너는 중정에 면해 자연채광이 좋고 주변 자연환경이 잘 보이는 곳에 설치되어 있다. 거주노인이 잠시 거주단위에서 벗어나 휴식을 취할 수 있으며, 취미활동 장소로도 이용된다. 또 방문한 가족이 거주노인과 이야기를 나누는 공간으로 이용된다. 복도 곳곳에는 거주자의 작품을 걸어놓거나 오브제 등을 두어 시설적인 분위기가 적게 난다.

지역교류실

1층 주 출입구 옆에 전시코너 겸 라운지가 있어, 각종 행사 등 지역주민과의 교류공간으로 활용된다. 지역교류 내용으로는 지역주민과 공동으로 연 2회 방재훈련을 실시하고 있으며, 여름 축제 시 지역의 자원봉사자가 100명 정도 참가하기도 한다. 또한 특별양호노인홈 거주노인의 입·퇴소 검토회에도 지역 민생위원 2명이 항상 참가한다. 이·미용실코너는 미용사인 자원봉사자가 방문하여 편의를 제공하고 있고, 가족의 휴식이나 숙박을 위한 일본식의 가족 숙박실이 별도로 마련되어 있다.

지원·관리영역

사무실·직원실

주 출입구 옆에 종합사무실이 있어 외부 방문객이나 거주노인 출입을 관리하기 용이하다. 그 외 효율적인 운영을 위해 주간보호시설 사무실이나 각 층별 수발직원실이 별도로 설치되어 있다. 수발직원실에는 직원이 휴식을 취할 수 있는 간이 침대나 싱크대가 마련되어 있다.

간호사실은 거주단위가 많은 2층 중앙에 있으며, 1층에는 상담실, 회의실, 숙박실 등 운영관리공간이 배치되어 있다.

1층 직원전용 출입구 옆에는 직원 탈의실과 샤워실이 마련되어 있다. 또한 조리실 옆에는 직원 식당을 별도로 마련하여 직원의 편의를 도모하고 있다.

오물처리실 · 세탁실

각 거주단위의 오물처리는 탈의실에 비치된 설비를 이용하며, 간단한 세탁물은 거주단위 내에서 실시한다. 소독이 필요한 세탁물은 공용세탁실의 리프트를 이용하여 1층 세탁실로 운반한다. 리프트가 있어서 위생적이며 직원의 부담도 덜어준다. 1층 세탁실에는 세탁물 정리코너가 마련되어 있다. 리넨은 복도 벽면을 이용한 수납장이나 세탁실에 인접한 리넨실에 보관된다.

주간보호시설

1층 주 출입구 가까운 곳에 배치된 주간보호시설은 프로그램에 맞춰 다양하게 사용할 수 있도록 기능별로 구획되어 있다. 식당공간과 TV나 소파 등이 비치된 거실공간이 있으며, 마사지 침대나 평행봉 등이 있는 일상동작훈련실(재활실)이 있다. 또한 다다미방으로 된 정양실과 침대 2개가 놓여 있는 정양 코너, 그리고 공용욕실이 배치되어 있다. 식당에 마련된 세면대는 높낮이 조절이 가능하여 신체 상황이 다양한 노인들이 사용하기 편하다.

주간보호시설의 욕실에는 노송나무로 된 욕조와 기계욕조 외에도 여러 명이 동시에 들어갈 수 있는 공용목욕탕이 있으며 탈의실에는 긴 벤치나 간이침대 등이 비치되어 있다.

22. 공용세탁실에 설치된 세탁운반용 리프트
23. 1층 세탁실의 세탁물 정리코너
24. 대형세탁기가 설치된 1층 세탁실
25. 주간보호시설의 내부
26. 일상동작훈련실의 재활코너

카에데 & 메이플리프
楓&メイプルリープ

소재지 일본 나라켄 나라시(奈良県奈良市) ┃ **시설유형** 그룹홈 ┃ **정원**18명 ┃ **개원년도** 2000년 ┃ **운영자** 사회복지법인
대지면적 1,301m² ┃ **건축면적** 906m² ┃ **건축특성** 지상 2층

Japan

카에데 & 메이플리프는 주택이 많은 근린상업지역에 위치하며, 역에서 하차하여 버스로 약 5분 정도 소요된다. 주변은 공단주택과 저
층주택이 정연하게 배치된 전형적인 뉴타운으로 서구식 생활에 익숙한 노인이 많아 시설에서는 일본식과 서양식의 거주단위가 있다.
정원은 그룹홈 18명으로 거주노인의 대부분은 타 지역에서 살다가 자녀의 근무처인 나라시로 함께 오게 되어 이 시설에 입주한
경우이다. 익숙하지 않는 지역과 시설에서 살아야 하는 거주노인을 위해, 직원들은 그들의 입주 전 생활과 성격이나 습관을 파악
하고 있다. 수발직원은 주간보호시설을 포함하여 총 26명이다. 1개 거주단위에 근무하는 직원은 상근 환산하여 7.1명으로, 거주
자 1.3명당 1명 비율이다. 특히 주간보호시설 이용 노인의 일상생활을 파악하기 위해 시설장이 직접 차를 운전하여 노인을 태우
고, 공용화장실을 청소하는 등 현장에서 수발을 하고 있다. 거주노인과 직원은 모두 개인 옷을 입고 생활하며, 양말에 슬리퍼나 실
내운동화를 신고 생활한다.

1층 평면도

다목적실
중정
기계욕실
탈의실
탈의실
욕실
정원
세면실
탈의실
창고
다다미실
다다미실
작업실
지역교류실
홀
중정
통로
현관
상점
중정
사무실
주간보호시설
데이룸
주방
카운터

주 출입구 ▶

0 1 2 5 10m

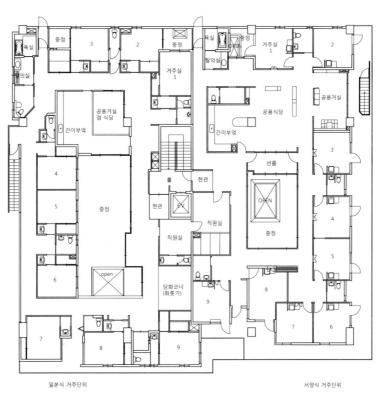

2층 평면도

욕실
중정
3
2
중정
욕실
중정
거주실 1
2
의실
탈의실
공용거실 겸 식당
간이부엌
거주실 1
공용식당
공용거실
간이부엌
4
5
중정
선룸
3
홀
현관
OPEN
중정
4
6
현관
직원실
EV
직원실
5
open
담화코너 (화롯가)
9
8
7
7
8
9
6

일본식 거주단위   서양식 거주단위

공간배치 특성

시설은 철근콘크리트조의 지상 2층 건물로, 1층에는 주간보호시설, 지역교류
실, 사무실, 주방, 상점이 있으며, 2층에는 18명의 치매노인이 거주하는 2개의
그룹홈 거주단위가 있다. 건물 서쪽의 외관은 일본 주택 스타일이며, 보행자
전용도로에 면한 동쪽은 서양 주택 스타일로 계획되어 4면의 입면 표정이 다르다.

부지 입구에서 주 출입구 현관까지 다다르기 위해서는 통로를 지난다. 통로
오른쪽에는 옷이나 가방 등을 파는 상점이 있고, 왼쪽에 지역교류실이 있다.
주 출입구의 현관문(관리와 방한을 위해 준공 후에 설치함)은 개방적인 흰색
격자문이며, 측면에 잠시 쉴 수 있는 휴게공간이 있다. 현관에 들어서면 1층 주간
보호시설과 2층 그룹홈으로 동선이 분리되는 작은 로비가 있다. 유리벽으로
만들어진 로비와 사무실의 경계벽은 갤러리의 기능을 갖는 동시에 직원에게
감시받는 느낌을 주지 않는다. 로비 정면에 있는 문은 1층 사무실과 주간보호
시설로 통하는 출입구이다. 로비 왼쪽에는 2층 그룹홈으로 통하는 엘리베이터
가 있으며, 2층으로 올라가면 중앙 코어를 경계로 일본식과 서양식의 그룹홈
현관 2개가 나타난다.

거주영역

거주단위는 일본식과 서양식의 그룹홈 2개로 구성된다. 각 거주단위는 중정
을 중심으로 거주실 9개, 공용거실 겸 식당, 공용욕실, 탈의실, 세탁실, 공용화
장실, 사무실, 현관으로 배치되어 있다. 특히, 일본식에는 화롯가공간과 다다
미방이, 서양식에는 선룸이 설치된 공용거실 겸 식당이 있다.

그룹홈 현관은 가정집을 방문한 인상을 주는 디자인이며, 우체통이나 장식
품 등이 배치되어 있다. 현관 바닥은 단차가 없고, 복도 바닥과 재질이 다른 마
감재를 사용하여 영역이 구분된다.

1. 주 출입구 통로 양쪽에 있는 지역교류실(왼쪽)과 상점(오른쪽)
2. 개방감 있는 주 출입구
3. 가정집 분위기를 지닌 거주단위의 현관

거주실

일본식 그룹홈은 모두 다다미방이다. 각 거주실에는 붙박이장과 세면대가 있으며, 대지경계선에 면한 6개의 거주실에는 발코니를, 중정에 면한 3개의 거주실에는 툇마루가 있다. 거주실 앞 전실공간은 복도와 2단 정도 단차가 있으며, 나무 격자문을 설치하여 개인영역을 확보하고 있다. 거주실문은 문턱이 없는 미닫이문이다.

서양식 그룹홈은 모두 플로링방이며, 붙박이장이 없는 대신 세면대가 있고 일본식보다 넓다. 9개의 거주실이 복도를 끼고 분수가 있는 중정을 둘러싸는 형태이다. 문은 여닫이문이며, 남동쪽의 거주실은 발코니로 직접 나갈 수 있다.

각 그룹홈에는 거주실과 거주실 사이의 문을 열어서 두 실을 하나로 사용할 수 있는데, 이는 치매 정도나 뜻이 맞는 거주노인끼리 함께 사용할 수 있다.

복도에 면한 거주실 벽에 설치한 작은 장지창은 거주노인 스스로가 프라이버시를 조절(창의 개폐, 조명등 점등·소등)할 수 있고, 직원도 복도에서 실내 상황을 어느 정도 파악할 수 있다. 거주실의 안내표식은 문 옆의 벽에 있으며 오른손은 문손잡이에 의지하고 왼손으로 스위치를 누르기에 용이하다. 가정용 에어콘을 설치하여 개별 냉방방식이며, 거주노인이 자유롭게 조절할 수 있다.

다다미방 거주실 평면도

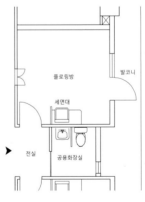

플로링방 거주실 평면도

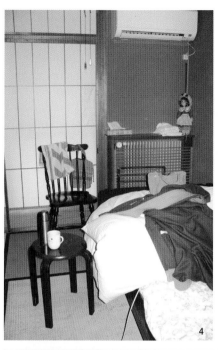

4. 가정집 분위기의 다다미방 거주실
5. 중정에 면해 툇마루가 있는 다다미방
6. 가정집 현관같은 거주실 입구
7. 복도에 면한 거주실의 작은 장지창
8. 거주실 전실의 세면대

공용거실 겸 식당

각 그룹홈은 공간의 성격이 다르기 때문에 공용거실 겸 식당의 공간배치뿐만 아니라 조명기구, 가구 등 인테리어도 전혀 다르다. 둘 다 중정을 향해 공용거실 겸 식당을 배치하여 자연채광이 좋고, 계절감을 느낄 수 있다. 또 거주노인의 기분이나 취향에 따라 선택할 수 있는 다양한 소파나 의자가 마련되어 있다. 간이부엌에는 가정집에서 볼 수 있는 싱크대, 주방용품, 가구 등이 비치되어 있다.

일본식 그룹홈은 거실, 식당, 간이부엌이 하나의 공간으로 이루어져 있으며, 식당에는 테이블과 작은 다다미방이 있어 입식생활과 좌식생활을 배려하고 있다. 이에 반해 서양식은 거실, 식당, 간이부엌이 명확하게 독립되어 있으며, 거실 한쪽에는 난로가 설치되어 있고, 중정에 면한 식당 한쪽에는 식사나 휴식을 할 수 있는 선룸이 있다.

중정에 면한 창은 고정창과 미세기창으로 되어 있고, 채광과 환기가 양호하다. 공용거실 겸 식당에는 시설적인 분위기를 없애기 위해 안전손잡이는 설치하지 않았으며, 세면대 역시 거주실에 설치된 세면대를 이용하는 것을 원칙으로 하고 있으므로 없다.

공용화장실

거주실에 부속화장실이 없는 대신 2개의 거주실에 한 개 이상의 공용화장실이 있다. 일본식 그룹홈에는 서양식 양변기 사용에 불편을 느끼는 노인을 위해 일본식 좌변기가 있다. 휠체어 사용을 배려하여 미닫이문 외에 가동형 벽면이 설치된 화장실이 있으며, 문턱이나 단차는 없다. 화장실문에는 작은 창을 두어 사용 여부를 확인할 수 있다. 화장실의 안내표식은 없지만, 일본 전통주택의 화장실문 형태를 채용함으로써 치매노인도 화장실을 쉽게 찾을 수 있게 배려하고 있다.

이 시설 공용화장실에는 양변기 전면의 벽에 문양이 있는 타일 한 장이 부착되어 있다. 이는 치매노인이 용변을 볼 때, 집중력을 흐트리지 않아 용변을 보는 데 도움을 준다. 또 1층에 설치된 공용화장실 중 한 곳은 양변기가 실내 중

9. 안쪽으로 다다미방이 있는 공용거실 겸 식당(일본식)
10. 전통정원 느낌의 중정(일본식)
11. 피아노와 서재가 있는 공용식당(서양식)
12. 난로가 있는 공용거실(서양식)
13. 한쪽 면에 선룸이 설치된 중정(서양식)

앙에 설치되어 있다. 이는 치매노인이 직원을 의식하지 않고 용변을 볼 수 있게 하기 위함으로, 직원이 치매노인의 뒤편에 서서 배설수발을 한다.

창이 없어 내부는 매우 어두운 상태이나 환기설비가 잘 갖추어져 있어 냄새는 나지 않는다. 바닥은 목재 플로링으로, 벽은 세라믹 타일로, 천장은 목재마감이다. 세면대 하부는 여유공간이 있고, 레버형 수전이며, 수직거울이 설치되어 있다. 라디에이터가 설치되어 있어 겨울철 난방이 가능하다.

공용욕실

공용욕실에는 가정용 욕조와 샤워기가 설치되어 있다. 원칙적으로 거주자 1명을 직원 1명이 수발하는 개별 입욕방식이며, 한 방향에서 수발하는 욕조 배치이다. 욕실 입구나 벽면의 안전손잡이 외에도 욕조에 세로형 안전손잡이가 설치되어 노인이 균형을 유지할 수 있다. 큰 창이 설치되어 자연채광과 환기가 좋다. 탈의실에 의자와 리넨 가구 등이 비치되어 있으며, 직원의 수발동선을 고려하여 세탁실이 인접해 있다. 사용빈도가 적은 기계욕조나 리프트욕조가 있는 기계욕실은 거주단위 내에 두지 않고 1층에 설치하여, 주간보호시설 이용자와 함께 사용한다.

복 도

복도는 중정을 둘러싼 회랑형이며, 각 실의 배치로 인해 요철이 많고, 보통 가정집처럼 폭도 그리 넓지 않다. 일반 노인요양시설에서는 복도 벽에 안전손잡이를 설치하는 경우가 많지만, 이곳은 출입구 외에는 설치하지 않아 가정적인 분위기이다. 복도는 중정과 외부에 면하고 있기 때문에 자연채광이 좋아 실내가 밝다.

복도 곳곳에 의자나 벤치를 비치한 크고 작은 담화코너가 마련되어 있어 거주노인이 기분에 따라 장소를 선택할 수 있다. 특히 일본식 그룹홈에는 공용거실 겸 식당 외에도 화롯가공간이나 다다미공간을 배치하여 여러 명이 앉아 얘기를 나눌 수 있다. 이처럼 크고 작은 다양한 스케일의 공간이 중정을 둘러싸고 있어, 복도공간은 변화가 풍부하다.

14. 양변기 전면 벽에 부착된 문양 타일
15. 공용화장실의 중앙에 설치한 양변기
16. 일본 전통식 디자인의 공용화장실 문
17. 가변형 벽이 설치되어 두 면을 개방할
    수 있는 공용화장실
18. 욕조의 안전손잡이가 잘 설치된 공용
    욕실
19. 복도에 마련된 담화코너
20. 일본식 거주단위에 있는 화롯가 주변
    의 휴식공간

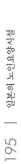

지역교류실

1층 지역교류실은 지역의 광장과 같은 성격을 갖는다. 지역교류실 안에는 담화코너, 독서코너, 지적장애자공간, 공방, 피아노공간이 있어 다양한 활동이 가능하다. 지역주민들이 자유롭게 적극적으로 활용하도록 진구(지역명)광장이라 부르는데, 커피를 마시러 오거나 방과 후 어린이들의 공부방이나 놀이방처럼 이용되기도 한다. 또 피아노가 있기 때문에 노래 연습이나 콘서트를 개최하기도 한다. 특히 자폐증 장애자가 사회생활에 적응할 수 있도록 시설에서 설거지, 청소 등의 일은 물론 거주노인을 도우면서 자연스럽게 어울리는 법을 배우고 있다.

주된 지역교류 내용으로는 여름에는 댄스대회 등 축제를 주최하거나, 초등학교, 유치원, 보육원의 운동회에 참가하며, 초등학생에게 거주노인들이 전쟁체험담을 들려주거나 시설장이 유니버설디자인(universal design) 설명회 등 다양한 학습활동에 협력하고 있다. 또 지역주민에게 시설의 활동을 홍보하면서 이해를 도모하는 차원에서 매월 시설정보지를 배포하고 있다.

지원 · 관리영역

사무실

1층 주 출입구에 면한 사무실에는 카운터 대신에 갤러리 성격을 갖는 유리벽이 설치되어 있다. 유리선반에는 다양한 장식품이 전시되어 있으며, 유리벽 건너편으로 사무실이 보인다. 유리벽은 시설적인 분위기를 완화시키는 동시에, 그룹홈 거주노인이 외부에 출입할 때 유리벽 장식품 등에 관심을 갖고 발길을 멈추므로 거주노인과 외부인의 출입을 직원이 쉽게 파악할 수 있다.

사무실 현관문도 목재 격자로 된 자동문이며, 바닥에 단차가 없다. 현관문 입구에는 시설 정보지 등을 볼 수 있는 진열대가 있다.

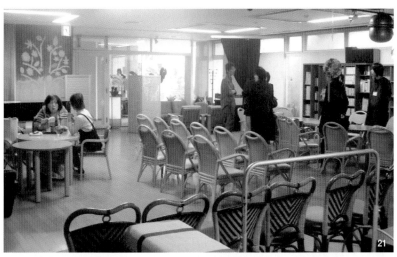

21. 다양한 활동이 이루어지는 지역교류실
22. 지역교류실의 독서코너
23. 지역교류실의 어린이 놀이방
24. 유리벽(오른쪽)을 통해 거주노인을
    관찰할 수 있는 사무실
25. 갤러리 분위기의 사무실 유리벽

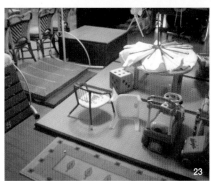

직원실

거주단위 현관에 인접하여 직원실이 설치되어 있다. 직원실 벽면은 거주노인이나 방문객의 출입을 쉽게 파악할 수 있도록 유리를 끼운 격자창이며, 문도 가능한 한 개방해 두고 커튼을 걸어둔 정도이다. 격자창에는 그림을 걸어 두어 거주노인이 아무 거리낌 없이 직원실로 자유롭게 이야기하러 오기도 한다.

야간에는 직원 1명이 2개의 거주단위를 관리할 수 있도록 직원실을 서로 인접 배치하고, 현관을 거치지 않고 오갈 수 있는 문이 별도로 설치되어 있다.

주간보호시설

1층 주간보호시설은 데이룸, 카운터가 있는 식당, 다다미방, 주방, 욕실로 구성되어 있다. 데이룸이 너무 큰 공간처럼 느껴지지 않도록 가구를 이용하여 2개의 공간으로 나누고 있다. 가구에는 주간보호시설 이용자의 다양한 작품이 진열되어 있으며, 테이블별로 노인들이 소수로 모여 직원과 함께 각종 프로그램활동을 하고 있다. 다다미방은 차를 마시거나 낮잠을 취하기도 하는 공간이다. 식당에는 테라스가 있으며, 식당의 한쪽에 카운터가 마련되어 있다. 카운터는 의자에 앉아 있는 이용자와 직원의 눈높이가 같도록 서비스공간의 바닥높이가 400mm 정도 낮다.

26. 개방감이 있는 직원실
27. 거주노인이나 가족과 이야기를 나눌 수 있는 직원실
28. 가구로 공간을 구획한 데이룸
29. 자연채광이 좋은 주간보호시설의 식당
30. 바닥을 낮게 하여 노인과 눈높이를 맞춘 카운터

한국의
노인요양시설

우리나라는 2008년 「노인장기요양보험제도(법)」 제정으로 중증 만성질환 노인에 대한 관심과 사회적 인식이 크게 바뀌면서 노인 관련 요양시설도 증가 추세에 있다. 우리나라 노인요양시설의 환경과 제공되는 서비스는 선진국에 비해 양적·질적으로 부족한 실정이지만, 최근 개원된 노인요양시설들의 경우 노인에게 적합한 거주환경과 질 좋은 서비스를 제공하기 위해 많은 노력을 기울이고 있다. 여기에 소개된 노인요양시설 사례들은 병원과 같은 획일적인 평면구성과 시설적인 분위기에서 탈피하여 쾌적하고 안락한 거주환경을 실현하고자 한 시설들로 선정하였다.

17 동부노인전문요양센터

소재지 서울 성동구 홍익동 16-1 ｜ **시설유형** 무료노인전문요양시설 ｜ **정원** 296명 ｜ **개원년도** 2005년
운영자 사회복지법인 온누리복지재단 ｜ **대지면적** 9,379.5m² ｜ **건축면적** 10,400.94m² ｜ **건축특성** 지하 1층, 지상 5층

동부노인전문요양센터는 서울의 중심권에 위치하고 있으나 복잡한 도로와 떨어져 있어서 비교적 조용하다. 실비노인전문요양시설로서 평면계획과 함께 제반시설의 수준이 높다. 2~5층까지는 그룹홈 형식의 노인 거주단위가 있다. 노인 거주단위마다 별도의 출입문이 있으며, 출입문을 들어서면 배회복도, 거주실, 공용거실, 간이부엌, 발코니, 담소공간이 있다. 거주단위는 중복도식으로 설계되어 복도에는 창이 없으나 거주실과 거실에는 큰 창이 계획되어 실내가 매우 밝고 전망이 좋다.

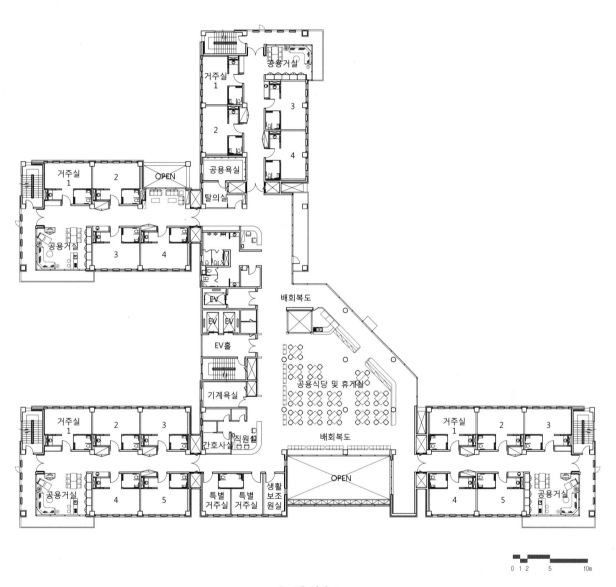

거주실 1
2
OPEN
거주실 1
공용거실
3
4
공용욕실
탈의실
공용거실
3
4
배회복도
EV
EV EV
EV홀
공용식당 및 휴게실
기계욕실
거주실 1
2
3
배회복도
거주실 1
2
3
간호사실
직원실
공용거실
4
5
특별거주실
특별거주실
생활보조원실
OPEN
공용거실
4
5
공용거실

0 1 2   5   10m

3~5층 평면도

공간배치 특성

건물은 지하 1층, 지상 5층으로 구성되어 있다. 지하 1층에는 세탁실, 보일러실, 전기실, 기계실이 있고, 1층에는 주 출입구, 로비, 안내데스크, 사무실, 간호사실, 상담실, 면회실, 생활사실, 주간보호실, 주방, 식당, 교육실, 강당, 물리치료실, 작업치료실, 운동치료실, 심리안정치료실이 배치되어 있다. 즉, 1층은 주간보호실을 제외하고는 주로 관리공간, 서비스공간, 의료공간, 교육공간으로 이용되고 있다. 외부에는 중정 형태의 치유정원이 있다. 2층부터 5층까지는 노인의 거주영역으로서 각 층마다 4개의 소규모 거주단위들이 날개 모양으로 배치되어 있고, 날개가 모이는 중앙에 공용식당, 공용욕실, 기계욕실(2층에만 있음), 특별거주실, 직원스테이션, 치료실, 이·미용실, 오물처리실, 세탁실, 창고 등이 있으며 엘리베이터가 설치되어 있다.

주 출입구에는 길게 돌출된 캐노피가 있어 비를 피할 수 있으며 출입구를 분명하게 인식시키는 역할을 한다. 주 출입구의 문은 유리문이어서 밝으며, 중간 출입문을 들어서면 대형 유리창을 통해 로비 너머의 외부 치유정원이 보인다. 주 출입구 왼쪽으로 안내데스크가 있으며, 그 안쪽에 사무실과 간호사실이 위치하고 있다. 넓은 로비를 휴게실로 이용하고 있다.

거주영역

노인의 거주영역은 2~5층에 있으며, 층마다 공간구성이 유사하나 2층에만 옥외정원으로 나갈 수 있는 다리가 있다. 거주단위의 출입문을 들어서면 배회복도가 있고 복도 양쪽에 온돌식 또는 침대식의 4인용 거주실이 4~5개 배치되어 있으며, 안쪽으로 공용거실, 간이부엌, 발코니, 알코브 형태의 담소공간이 있다. 거주노인은 치매, 중풍 등의 증상에 따라 구분하여 거주한다.

1. 길게 돌출된 캐노피가 있는 주 출입구
2. 휴게실로 이용되는 로비
3. 주 출입구 왼쪽의 안내데스크

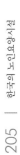

거주실

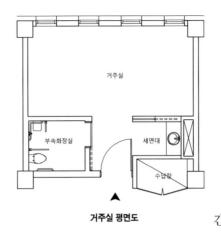

거주실 평면도

거주실의 여닫이문을 열고 들어서면 부속화장실과 세면대가 좌우에 배치되어 있다. 양변기와 샤워공간이 있는 화장실은 미닫이문이 있으며 세면대가 있는 공간은 문이 없이 개방되어 있다. 부속화장실과 세면대공간 사이를 지나면 맞은편에 세로로 긴 창이 있는 취침영역이 있다. 취침영역 양쪽으로 침대(또는 요)가 배치되어 있고, 침대마다 머리 쪽에 잠금장치가 있는 붙박이식 개인 수납장이 있어 개인 물품을 보관하며, 붙박이장 옆 선반에는 물건을 진열하기도 한다. 거주실문에는 관찰창이 있으나 침대가 모두 보이지 않아 노인의 프라이버시 유지에는 좋으나 문제발생 시 대처하기 어렵다는 단점이 있다. 창은 고정창과 여닫이창의 복합형이며 안전을 위한 개폐조절장치가 설치되어 있다.

거주실 부속화장실에는 양변기, 샤워기, 접이식 샤워의자가 있으며, 세면대는 부속화장실 맞은편에 별도로 계획되어 있다. 화장실과 세면대 모두 휠체어 공간이 충분히 확보되어 있으며, 욕실 벽에 안전손잡이가 설치되어 있다. 출입문은 미닫이문이고 바닥에 단차가 없어 안전하며, 작은 관찰창이 있어 불켜짐과 꺼짐으로 공간 사용 여부를 확인할 수 있다.

공용거실

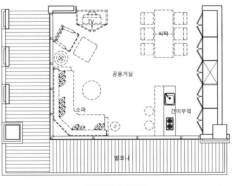

공용거실의 평면도

중복도 형식의 복도 끝에 위치하고 있는 공용거실에는 소파, 테이블, TV, 수납장, 간이부엌, 식탁, 의자가 배치되어 있으며, 외부에는 ㄱ자형 발코니가 있다. 공용거실은 창이 많아서 밝고 명랑한 분위기이며 창에

4. 관찰창이 있는 거주실 출입문
5. 침대식 거주실
6. 온돌식 거주실
7. 휠체어에 앉아 TV를 시청할 수 있는 공용거실
8. 큰 창이 많아 밝은 공용거실
9. 공용거실의 간이부엌과 수납장

한국 노인의 생활상

개폐조절장치가 설치되어 있어 안전하고, 채광과 환기가 잘 되며 조망이 아주 좋은 편이다.

공용식당

같은 층에서 생활하는 노인 전체(최대 72명)가 사용하는 공용식당 및 휴게실, 공용욕실, 간호스테이션, 엘리베이터 등이 각 층의 중앙에 해당되는 위치에 배치되어 있다. 규모가 큰 공용식당은 휠체어를 사용할 수 있도록 충분히 넓으며, 식탁과 의자를 중앙에 배치하고 그 주변을 통행공간인 복도로 사용한다. 외부와 면한 복도 벽면 전체를 창으로 계획하여 밝다. 공용식당에 설치된 간이부엌에는 가열대는 없고 전자레인지, 컵 소독기, 온수기, 냉장고가 있다.

공용화장실

공용화장실의 분위기는 가정적인 편으로, 휠체어 사용이 가능하다. 화장실의 표식은 출입구 벽에 그림과 글자로 되어 있다. 출입구는 문대신 커튼으로 가려져 있으며 문턱이 없고, 인접공간과 바닥 단차가 없어서 안전하다. 안전손잡이는 출입구의 벽에만 있으며, 양변기와 소변기 주변에 비상연락장치가 있다. 공용화장실에 설치된 샤워기는 노인이 실수를 하는 경우에 이용하기 위한 것이다.

복 도

복도에는 휠체어를 타고 지나기에 충분한 공간이 확보되어 있으며, 벽을 따라서 안전손잡이가 설치되어 있다. 복도의 벽 하부에는 휠체어 수납공간을, 상부에는 붙박이장을 계획하였다. 세면대를 복도 벽에 매입시켜 통행을 방해하지 않고 사용할 수 있으며 상부와 하부에 수납장을 만들어 물품을 정리하고 있다. 복도 끝쪽의 알코브에는 벤치를 설치하여 복도를 배회하다가 앉아서 쉴 수 있는 공간을 마련하였다.

10

11

12

13

10. 공용식당의 목재 식탁과 의자
11. 공용식당 한쪽의 간이부엌
12. 커튼으로 처리한 공용화장실 출입구
13. 창이 보이는 거주단위의 복도
14. 복도 끝 알코브에 설치된 벤치
15. 복도의 휠체어 수납공간
16. 복도의 세면대와 수납장

14

15

16

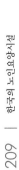

공용욕실

공용욕실에는 몸이 불편한 노인을 위한 기계욕조, 와상노인용 목욕침대, 샤워기, 세탁기, 건조대 등이 마련되어 있다. 공용욕실의 마감재료를 보면, 바닥은 세라믹타일이며 벽은 페인트이다.

정 원

1층 외부에 중정형의 치유정원이 있으며, 노인의 거주영역인 2층에는 또 다른 치유정원으로 나갈 수 있도록 다리가 설치되어 있다. 1층의 정원은 3~5층에서 유리창을 통해서 내려다 볼 수 있다. 1, 2층의 치유정원에서 거주노인은 일광욕을 할 수 있고 화초나 채소를 가꿀 수 있다.

지원 · 관리영역

직원스테이션

공용식당 왼쪽에 위치한 직원스테이션에서 공용식당 및 복도에 있는 거주노인의 관찰이 가능하다. 직원스테이션 뒤쪽에는 간호사실이 있다.

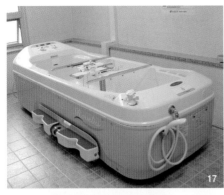

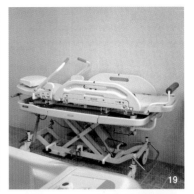

17. 기계욕조가 있는 공용욕실
18. 공용욕실 한쪽의 세탁기
19. 누워서 샤워할 수 있는 침대가 있
　　는 공용욕실
20. 치유정원에서 다리로 연결된 2층
　　출입구
21. 치유정원의 정자
22. 치유정원의 텃밭
23. 간호사실과 물품보관실이 연결된
　　공용식당 내 직원스테이션

18 도봉실버센터

소재지 서울 도봉구 방학3동 44-1 I **시설유형** 실비노인전문요양시설 I **정원** 111명 I **개원년도** 2005년
운영자 사회복지법인 밀알복지재단 위탁 I **대지면적** 1,785m² I **연면적** 3,528m² I **건축특성** 지하 1층, 지상 4층

도봉실버센터는 대도시 중심권의 일반 주거지역에 위치하고 있으며, 건물 옆으로 산을 끼고 있어 경관이 좋고 대중교통으로 접근이 가능하다. 실비노인전문요양시설로 전문요양과 단기요양을 병행하고 있으며, 주간보호센터도 운영한다. 직원은 직종에 따라 다른 색깔의 앞치마를 입으며, 식사시간에는 생활지도원이 집에서 식사하는 것처럼 편안하게 느끼도록 꽃무늬 앞치마로 갈아입고 노인을 수발한다.

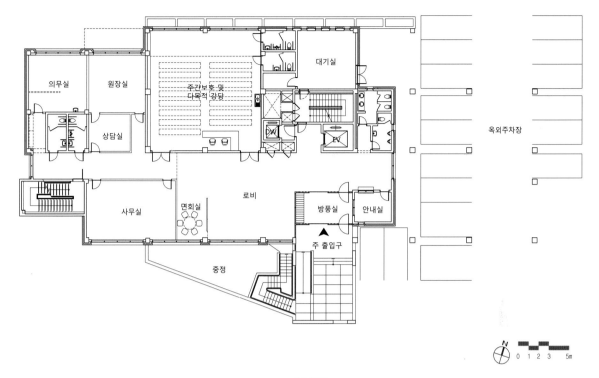

1층 평면도

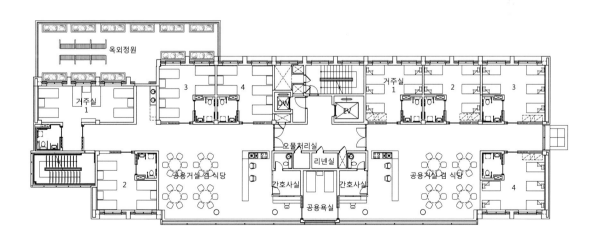

3층 평면도

공간배치 특성

건물은 긴 직사각형 형태로 남향으로 배치되었으며, 지하 1층과 지상 4층으로 구성되었다. 2~4층이 노인거주영역으로, 그룹홈 형식으로 되어 있으며 2층은 중풍노인이, 3층은 중풍노인과 치매노인이, 4층은 치매노인이 주로 거주한다. 지하 1층에는 직원식당, 주방, 세탁실, 영양사실, 기계실이 있다. 1층에는 로비, 사무실, 대강당, 회의실, 직원 로커실, 자원봉사자실이 있으며, 2층에는 그룹홈 1개와 물리치료실, 운동치료실, 작업치료실, 소강당, 호스피스실이 있다. 2, 3층에는 발코니를 이용한 외부공간이 조성되어 있다.

주차는 1층의 필로티공간에 하며, 계단과 경사로가 있어 주 출입구로 연결된다. 방풍실 바로 앞에 방문객 안내를 위한 안내데스크가 있는데, 여기에는 각 층별 안내표식이 있다. 로비는 넓은 편으로, 가족들이 거주노인을 만나거나 직원과 상담을 하는 등 다용도로 사용된다.

거주영역

거주영역은 층에 따라 조금씩 다른 형태이다. 2층의 경우 거주실 4개, 공용거실 겸 식당, 직원스테이션, 사회복지사실, 공용욕실로 구성된다. 3층은 2층과 거의 같은 형태로 거주실 4개와 공용거실겸 식당, 간이부엌, 간호사실로 구성된 소규모의 거주단위 2개가 양쪽으로 배치되어 있다. 4층은 11개의 거주실이 1개의 공용거실 및 식당을 공유하는 통합된 형태로 구성되었다. 각 거주실에는 5인의 거주노인이 함께 생활한다.

거주실

거주실은 5인실이며, 취침영역과 부속화장실로 이루어져 있고, 거주노인 개개인의 건강상태와 선호도에 따라 침대 또는 요를 사용한다. 수납장은 층마다 약간 다른데, 2층의 거주실은 벽에 부착된 상부수납장과 침대 옆의 수납장으로 구성되어 있다. 4층의 경우에는 키 큰 수납장을 한쪽 벽에 설치하고 노

1. 경쾌한 분위기의 주 출입구
2. 가족과 만나는 장소로 이용되는 로비
3. 로비의 안내데스크
4. 4층의 온돌식 거주실

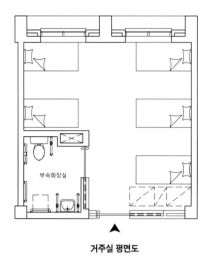

거주실 평면도

인의 이름을 부착하였으며 침대나 요 옆에도 수납장을 설치하였다. 침대는 거주노인이 편안하게 사용하도록 높이가 낮다. 또, 시설적 느낌을 줄이기 위해 밝고 화사한 침구를 선택하고, 침대 난간에도 침구와 동일한 직물로 덮개를 만들었다.

거주실 부속화장실의 문에는 관찰창이 있으며, 잠금장치는 없다. 부속화장실의 크기는 휠체어공간을 충분히 확보하였으며 세면대, 양변기, 샤워기와 접이식 샤워의자가 있고, 안전손잡이가 설치되어 있다. 바닥은 베이지색 타일, 벽은 흰색 타일, 천장은 플라스틱으로 마감하였다. 수납장이나 노인 개인물품은 두지 않았다.

공용거실 겸 식당

거주실에서 바로 공용거실 겸 식당으로 연결된다. 공용거실 겸 식당은 창이 크고 남향이어서 채광이 잘 되고, 산 쪽을 바라보고 있어 경관도 좋다. 가구로

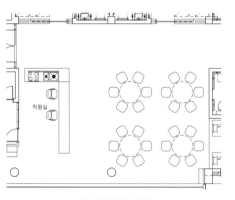

공용거실 겸 식당 평면도

는 소파, 테이블, 의자, TV, 장식장 등이 있으며, 테이블은 여러 조합이 가능한 형태로, 거주단위에 따라 다양하게 배치하고 있다. 거주노인의 안전을 위하여 기둥을 천으로 감아놓았다.

공용화장실

공용화장실은 2층에만 있으며, 거주노인보다는 직원이나 자원봉사자, 주간보호시설을 방문하는 노인들이 주로 이용한다. 공용화장실에는 문이 없으며, 문

5. 거주실 부속화장실의 문
6. 접이식 샤워 의자가 있는 거주실 부속화장실
7. 공용거실의 직원스테이션
8. 누빈 천으로 감아놓은 공용거실의 기둥
9. 소파, 테이블, TV가 있는 2층 공용거실
10. 공용화장실 입구와 안내표식

폭이나 휠체어 회전공간은 충분하다. 세면대는 하부에 여유공간이 있어 휠체어의 접근이 용이하나, 하부 온수관이 그대로 노출되어 있고 수전 온도제한장치가 없어 화상이 우려된다. 양변기 주변에 안전손잡이와 비상연락장치가 있다.

복도

비교적 넓은 복도에는 배회하는 치매노인들이 잠시 쉴 수 있도록 소파, 벤치 등이 여러 곳에 놓여 있다. 복도 벽에 설치된 안전손잡이를 잡고 운동하는 노인들도 있다. 복도 벽 위쪽은 페인트, 아래쪽은 목재 패널로 되어 있어 휠체어로부터 벽을 보호하고 따뜻한 느낌이 들도록 하였다. 또한 창이 커서 채광이 좋다.

공용욕실

공용욕실은 층마다 하나씩 있으며, 일반욕조와 기계욕조가 설치되어 있다.

물리치료실

물리치료실은 2층에 있으며, 거주노인과 주간보호시설을 방문하는 노인이 함께 사용한다. 노인들이 프로그램 중 물리치료를 선호하기 때문에 많은 인원이 이용할 수 있도록 넓은 공간을 확보하였고, 프라이버시를 위하여 침대마다 부드러운 색의 무늬가 있는 커튼을 설치하였다. 큰 창을 설치하여 전망이 좋다.

운동 · 작업치료실

운동 · 작업치료실은 2층의 물리치료실과 인접해 있으며, 거주노인과 주간보호시설을 방문하는 노인이 함께 사용한다. 치유를 위한 다양한 활동들이 한 공간에서 이루어질 수 있도록 되어 있다.

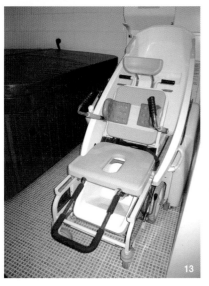

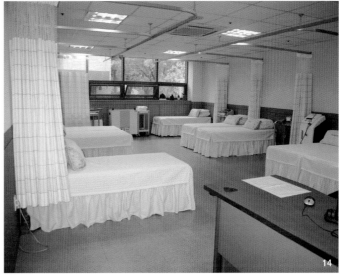

11. 복도 끝에 설치된 벤치
12. 복도 끝의 휠체어 수납공간
13. 공용욕실의 기계욕조와 보조기구
14. 침대마다 커튼을 설치한 물리치료실
15. 물리치료실의 업무공간

지원 · 관리영역

사무실

1층 사무실은 주 출입구 및 엘리베이터와 멀리 떨어져 있어 방문객의 관리가 어렵고 직원동선이 긴 편이다. 칸막이를 설치하여 업무의 독립성을 살렸고, 사무실 내에 원장실과 탕비실이 있으며 회의실과 문서창고가 가깝다. 사무실 맞은편에 빨래를 세탁실로 내려 보내는 슈트가 설치되어 직원들이 퇴근 시 가운을 바로 세탁실로 보낼 수 있어 편리하다.

직원스테이션

거주단위에 있는 직원스테이션은 직원실, 직원용 화장실 겸 간이세탁실과 인접해 있다. 직원스테이션의 직원실은 주간에는 사회복지사가, 야간에는 생활지도원이 도시락을 먹는 공간으로 사용한다. 직원스테이션의 카운터 상판이 넓어 거주노인의 식사 제공 시 편리하게 사용되며 개수대, 냉장고, 식기소독기, 정수기가 있고 가열대 설비는 없다. 간호사실은 4층에 있으며 사회복지사와 간호사와 함께 근무한다. 각종 약품과 드레싱 카트 등의 수납공간이 마련되어 있다.

16. 여러 기구가 비치된 운동/작업치료실
17. 사무실 맞은편의 세탁물 슈트
18. 공용거실 겸 식당 한쪽에 위치한 직
    원스테이션
19. 개수대, 냉장고, 서류함이 갖추어진 직
    원스테이션

성요셉요양원

소재지 광주광역시 남구 임암동 323 ㅣ **시설유형** 무료노인전문요양시설 ㅣ **정원** 78명 ㅣ **개원년도** 2004년
운영자 까리따스 수녀회 유지재단 ㅣ **대지면적** 70,775m² ㅣ **건축면적** 3,829m² ㅣ **건축특성** 지하 1층, 지상 3층

성요셉요양원은 일반주거지역에서 약간 떨어진 도시 근교에 위치하는데, 주변환경이 매우 조용하고 자연환경이 아름다운 쾌적한
시설로서 대중교통의 이용이 가능하다. 거주노인들은 시설에서 제공하는 생활복 또는 개인 소유의 평상복을 입으며 실내에서 양
말이나 덧버선을 신고 생활한다. 직원은 시설장, 사무국장을 포함하여 총 28명이고 복장은 직종에 따라 부분적으로 다르게 입는다.
주간보호센터나 단기보호센터는 없다.

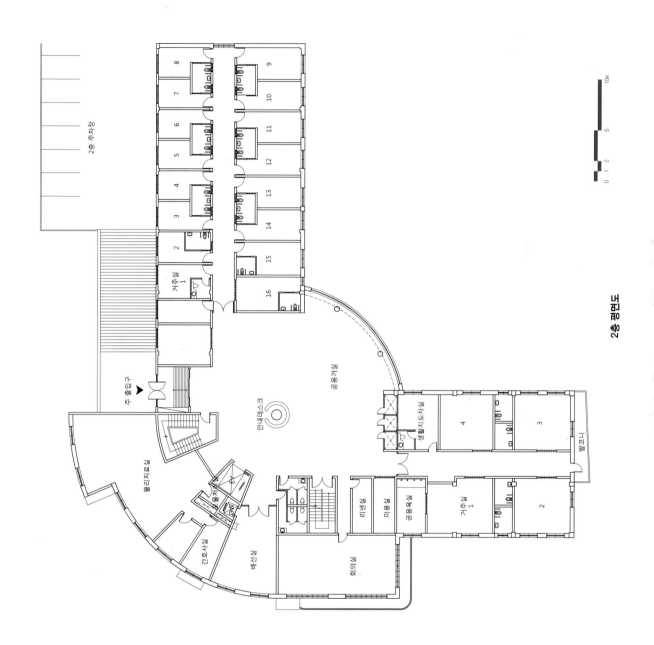

2층 평면도

2층 주차장

주출입구

물리치료실

안내데스크

공용거실

물품저장고

간호사실

배선실

회의실

거실

공동욕실

욕실

린넨실

생활지도자실

4

3

발코니

거실 1

2

거주실 1

8

7

6

5

4

3

2

거주실 1

9

10

11

12

13

14

15

16

0 1 2   5   10m

공간배치 특성

성요셉요양원은 ㄱ자 형태의 벽돌 건물로 꺾인 부분에 주 출입구가 있다. 1층에는 주 출입구, 안내데스크, 로비, 성당, 사무실, 자원봉사자실, 공용화장실, 거주실이 있다. 2층에는 다양한 크기의 거주실, 프로그램실, 공용욕실, 공용거실, 의무실, 물리치료실, 회의실 등이 있으며 3층에는 거주실, 사랑방, 세탁실, 공용욕실 등이 있다. ㄱ자의 중심부분을 보면, 1층에는 로비가 있고 2, 3층에는 직원스테이션이 있는 공용거실이 있다. 엘리베이터와 계단은 공용거실에 있는 대형 창의 반대쪽에 위치하며 그 뒤쪽으로 간호사실, 직원실 등이 있다.

주 출입구는 쌍여닫이문이 유리로 되어 있고 문 좌우에 고정창이 있어서 매우 밝다. 주 출입구와 로비 사이에 방풍공간이 있고 안으로 들어서면 왼쪽으로 안내데스크와 휴게공간이 있다.

거주영역

1~3층은 거주영역에 해당하며, 거주노인의 건강상태에 따라 층수를 구별하고 거주실 당 거주노인의 수를 다르게 하였다. 예를 들면, 1층의 거주실은 침대식과 온돌식을 계획하여 집중 케어가 필요한 거주노인이 생활하며, 2층 거주실에는 다른 사람의 도움을 많이 필요로 하는 노인과 편안한 휴식을 요하는 노인이 생활한다. 그리고 3층 거주실에는 기본적인 일상생활을 어느 정도 자력으로 해결할 수 있는 노인이 생활한다.

거주실

거주실은 크기와 사용인원, 욕실유형 등이 매우 다양하여 거주노인의 건강상태와 선호도에 따라 선택할 수 있다. 즉, 거주실의 크기에 따라서 거주노인의 수가 다르며 화장실도 거주실에 부속되어 있는 단독형과 인접한 2개의 거주실에서 함께 사용하는 공유형이 있으며, 침대식과 온돌식이 있다.

거주실의 분위기는 가정적이며, 침구보관용 수납장이 있으나 노인이 전에

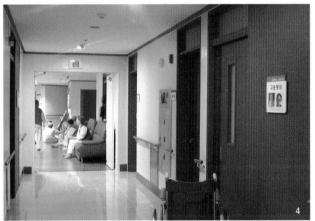

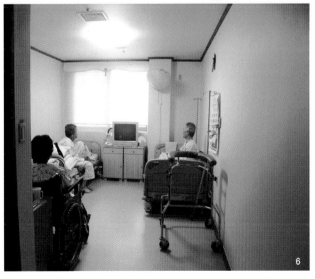

1. 주 출입구 외관
2. 로비의 안내데스크
3. 주 출입구에서 본 로비
4. 공용거실이 보이는 거주실 사이의 복도
5. 온돌식 거주실
6. 침대식 거주실

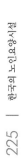

사용하던 가구는 없다. 침대 사이에는 휠체어공간이 확보되어 있으나 벽에 안전손잡이가 설치되어 있지 않다.

거주실 평면도(부속화장실 공유형)

난방방식은 중앙난방으로 거주실에서 온도조절이 가능하다. 거주실의 문은 관찰창이 있는 미닫이문이며 단차가 없어서 안전하다.

거주실 부속화장실문은 미닫이문이며 단차가 없고, 휠체어 사용이 가능하다. 화장실에는 양변기, 샤워기, 안전손잡이가 설치되어 있다.

공용거실

공용거실에는 소파가 자유롭게 배치되어 있고, TV가 있다. 창은 고정창과 여닫이창의 복합형으로 개폐조절장치가 설치되어 있으며 창이커서 조망이 아주 좋다. 직원스테이션은 공용거실의 중심에 있다.

공용식당

공용식당은 20명이 식사할 수 있는 규모이며 휠체어를 사용하기에 넉넉하다. 바닥 마감은 비닐계 타일이고 천장과 벽 마감은 페인트이다. 공용식당의 가구로는 식탁, 의자, 급수대, 왜건이 있으며, 간이부엌과 음식운반용 덤웨이터가 설치되어 있고, 냉난방설비와 환기설비가 갖추어져 있다.

공용화장실

공용화장실은 비교적 넓은 편이라 휠체어 사용이 가능하다. 공용화장실의 표식은 문 옆의 벽에 그림과 글자로 되어 있으며, 문 앞쪽의 바닥에 요철을 만들어 시각장애거주노인도 구별할 수 있게 하였다. 문은 관찰창이 있는 여닫이문이고, 문턱이나 단차가 없다. 공용화장실의 벽에 안전손잡이가 없으나 양변기 주변에는 설치되어 있으며 비상연락장치는 없다.

8. 2개 거주실이 공유하는 부속화장실
9. 공용거실 중앙의 직원스테이션
10. 천창이 있는 직원스테이션 내부
11. 전망이 좋은 공용거실
12. 20명의 식사가 가능한 소규모 공용식당

복 도

복도는 양쪽에 거주실이 있는 중복도형이며, 휠체어를 사용하기에 충분한 공간이 확보되어 있다.

공용욕실

공용욕실에는 탈의실이 부속되어 있으며 샤워기, 기계욕조, 샤워의자, 목욕용 침대, 세탁기가 배치되어 있다.

지원 · 관리영역

직원스테이션

직원스테이션은 공용거실의 중앙에 위치하여 직원이 노인들의 활동을 관찰하기에 매우 용이하며, 상부에 천창이 있어 밝고 명랑한 분위기이다.

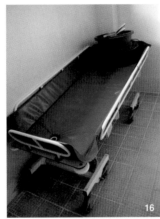

13. 음식 운반용 덤웨이터
14. 여자용 공용화장실의 문
15. 앉아서 샤워할 수 있는 공용욕실
16. 공용욕실에 있는 목욕용 침대
17. 공용욕실의 이동식 샤워의자
18. 양쪽에 거주실이 있는 중복도

인천신생노인전문요양원

소재지 인천시 서구 백석동 86-11 **ㅣ 시설유형** 무료노인전문요양시설 **정원** ㅣ 50명 **ㅣ 개원년도** 2002년
운영자 사회복지법인 기독교대한감리회 **ㅣ 대지면적** 11,880㎡ **ㅣ 연면적** 2,191㎡ **ㅣ 건축특성** 지상 4층

인천신생노인전문요양원은 인천광역시 근교에 위치하고 있으며, 일반 주거지역에서 약간 떨어져 있고 대중교통의 이용이 가능하다. 거주노인은 모두 여성이고 대부분이 노인성 질환을 가지고 있다. 거주노인은 개인 소유의 평상복을 입고 생활하며 와상환자는 상의는 개인복, 하의는 시설복을 입는다. 경증 노인은 실내에서 실내화, 중증 노인은 양말을 신고 생활한다. 시설의 직원은 32명으로 부분적으로 구별되는 복장을 하고 있다.

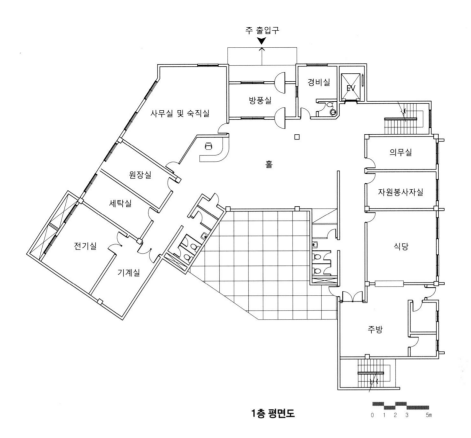

주 출입구

경비실

EV

방풍실

사무실 및 숙직실

의무실

원장실

홀

자원봉사자실

세탁실

식당

전기실

기계실

주방

1층 평면도

0 1 2 3 5m

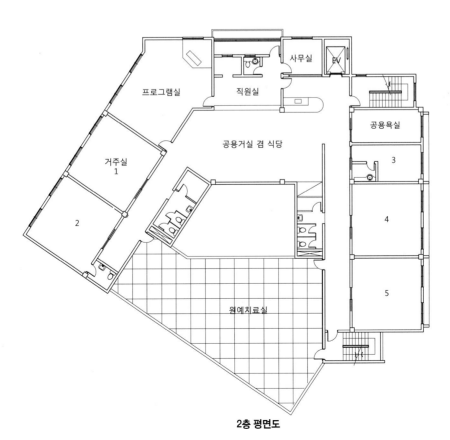

사무실

EV

프로그램실

직원실

공용욕실

거주실
1

공용거실 겸 식당

3

2

4

5

원예치료실

2층 평면도

공간배치 특성

건물은 총 4층으로, 2층과 3층에 노인들이 거주하는 거주실이 있다. 1층에는 사무실, 원장실, 상담실, 자원봉사자실, 의무실, 식당, 조리실, 휴게실, 기계실, 중정, 2층에는 거주실 5개, 거실, 사랑방, 직원실, 원예치료실이 있다. 3층은 거주실 5개, 물리치료실, 직원실, 공용거실로 구성되어 있으며, 4층은 세탁실, 정리실, 수선실, 프로그램실, 강당으로 구성되어 있다.

　주 출입구는 건물의 정면에 위치하며 단차가 약간 있는데 석재 경사로가 설치되어 있다. 방풍실 외측은 자동문, 내측은 여닫이문이다. 요양시설의 안내 표식은 그림과 글자로 이루어져 있으며, 외부 도로와 현관 외부, 외벽에 설치되어 있어서 식별이 쉽다.

　로비에 안내데스크는 없으며, 방문자가 있을 경우 사무실에서 직원이 나와 안내한다. 로비에는 행사를 알리는 게시판이 설치되어 있으며 거주노인의 작품들이 전시되어 있고, 상담이나 면회 시 사용할 수 있도록 여러 개의 테이블과 의자가 놓여 있다. 1층에는 거주노인을 방문한 가족이 숙박할 수 있는 게스트룸이 있다.

거주영역

거주영역은 가운데 공용거실 겸 식당과 직원스테이션을 두고 양쪽으로 복도로 연결된 거주실들이 있다. 거주실은 2인실과 6인실의 두 종류가 있다. 2인실에는 거주실 부속화장실이 있으며, 6인실은 거주실 앞에 위치한 공용화장실을 사용하게 되어 있다.

거주실

거주실은 침대식과 온돌식이 있으며, 2인실은 출입구 가까이에 부속화장실이 있는 형태이다. 2인실은 한쪽 벽면, 6인실은 침대 사이에 수납장이 설치되어 있다. 공기청정기 등의 기기는 공간의 효율적인 활용을 위하여 벽에 선반을

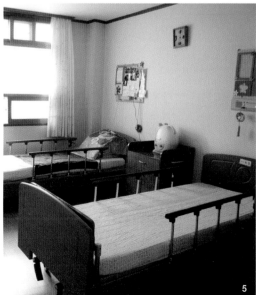

1. 경사로와 자동문이 설치된 주 출입구
2. 거주노인의 작품이 전시된 로비
3. 1층에 마련된 게스트룸
4. 붙박이 수납장이 있는 거주실
5. 고정창과 미세기창이 있는 거주실

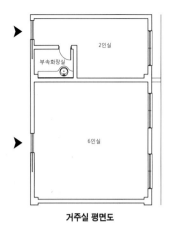

거주실 평면도

부착하고 올려놓았다.

거주노인마다 머리맡에 비상연락장치와 게시판이 있어 거주노인들의 사진, 편지 등을 부착하는 등 공간을 개인화할 수 있다.

창은 고정창과 미세기창으로 되어 있으며, 환풍기가 달려 있어 창문을 열지 않고도 환기가 가능하다. 거주실 문에 각 실별로 이름이 부착되어 있으며, 실 이름은 그래픽과 문자로 표시되어 있다. 거주노인의 표식은 사진과 이름으로 되어 있으며, 일부 거주실은 조화로 장식하는 등 다른 실과 차별화하려는 시도를 볼 수 있다.

2인실의 부속화장실 문은 접이문이며 안전손잡이는 양변기 주위에만 설치되어 있다.

공용거실 겸 식당

공용거실 겸 식당 한쪽에는 직원스테이션이 있으며 소규모로 식사와 대화가 가능한 원형 테이블이 놓여 있다. 테이블은 페데스탈 형식이어서 휠체어 이용이 편리하다. 와상노인도 골절로 움직이지 못하는 경우를 제외하고는 모두 나와서 식사를 한다. 창 옆에는 햇볕을 쪼이면서 다른 사람을 관찰할 수 있는 의자가 배치되어 있다.

전체적인 분위기는 대체로 가정적이며 따뜻하고 정감 있는 느낌을 주기 위하여 여러 가지 요소를 도입하고 있다. 창에는 직물로 된 쉐이드를 사용하여 부드러운 느낌을 주며, 식탁 의자에도 따뜻한 느낌의 작은 패턴이 있는 천으로 씌워서 가정적인 느낌과 흡음 효과를 주었다. 휠체어에 앉아 있기 어려운 노인을 위한 휠체어 고정대 역시 화사한 느낌의 천으로 특별히 제작하여 노인의 감성을 배려하고 있다.

프로그램실이면서 공용거실로도 사용되는 공간인 사랑방에는 '쉼터' 라는 안내표식이 있으며, 창에는 전통 창살문양이 있는 시트지를 부착하고 투명한 유리 부분을 남겨서 사랑방에서 진행되는 활동을 외부에서 볼 수 있다. 내부에는 프로그램을 위한 책상, 테이블, 진열장, 수납장 등이 있다.

6. 침대가 많아 시설적으로 보이는 6인 거주실
7. 관찰창과 킥플레이트가 있고, 조화로 차별화를 시도한 거주실문
8. 실의 이름과 거주노인이 표식된 거주실문
9. 안전손잡이가 설치된 양변기
10. 채광이 잘 되는 공용거실 겸 식당

공용화장실

6인실에 거주하는 노인들이 함께 사용하는 공용화장실은 각 층마다 두 곳이 있다. 가로로 긴 형태이며 입구 맞은 편의 세면대를 중심으로 공간이 양쪽으로 분할되어 한쪽은 양변기가 설치되어 있고, 다른 쪽은 세탁공간 또는 휠체어, 보행보조기 보관장소로 사용된다. 2개의 양변기 사이는 칸막이나 문 대신 커튼을 사용하여 직원이 관리하기는 편리하지만 노인의 프라이버시가 침해될 수 있다. 문폭은 기준보다 넓고, 바닥의 배수 플레이트가 경사로를 겸하며, 무늬가 있는 샤워 커튼을 사용하고 있다. 안내표식에는 글자, 그래픽, 조형물 등을 다양하게 사용하였다. 점자가 새겨진 안전손잡이를 사용하였고 노인의 안전을 위하여 모서리는 쿠션이 부착되어 있다.

복 도

복도의 입구 천장에는 꽃 장식을 하고 벽에 노인의 사진과 작품이 걸려 있다. 복도 중간에는 앉아서 쉴 수 있는 의자가 있고, 안전손잡이와 킥플레이트를 달아 노인들의 안전확보와 함께 유지·관리가 편리하다.

공용욕실

공용욕실은 2인실 옆에 있으며 직원스테이션, 공용거실 겸 식당과도 가까운 거리이다. 미닫이문에는 관찰창이 있으며, ㄷ자형의 손잡이와 킥플레이트가 설치되어 있다. 바닥의 단차는 없으며, 바닥의 물이 복도를 흘러나오는 것을 방지하기 위하여 입구 부근의 바닥에 트렌치를 설치하였다. 온탕은 일반적인 공중목욕탕과 같은 형태로, 계단을 내려가 입수한다. 와상노인을 위하여 기계욕조도 사용한다.

재활치료실

물리치료와 운동·작업치료가 이루어지는 재활치료실에는 칸막이를 설치하여 물리치료를 위한 공간과 운동 및 작업치료를 위한 공간으로 분리되어 있다.

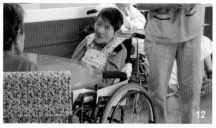

11. 공용거실 겸 식당에 위치한 직원 스테이션
12. 식사하기 위해 휠체어 고정 벨트를 착용한 거주노인
13. 직물덮개로 따뜻한 분위기를 낸 의자
14. 그림, 글자, 픽토그램을 이용된 공용화장실의 안내표식
15. 글자로 표시된 공용화장실의 안내표식
16. 행사 사진을 부착한 게시판
17. 계단이 있는 공용욕실의 온탕
18. 공용욕실의 기계욕조와 세탁물 바구니

원예치료실

2층 원예치료실은 거주공간과 연결되어 있고, 온실 형태로 되어 있어 계절에 관계없이 거주노인들이 산책이나 담소를 하면서 일광욕을 즐길 수 있다. 이곳에서 거주노인들이 화초나 분재 등을 가꾸고 있어 치유 효과를 기대할 수 있으며, 공간이 넓어 빨래 건조 시에 사용된다.

지원 · 관리영역

사무실

사무실은 1층 주 출입구쪽에 위치하고 있어 방문객 관리가 용이하다. 사무실 내부는 5각형의 독특한 평면 형태로, 자유로운 가구배치를 하고 있다. 그리고 창이 넓어 밝은 편이다.

직원스테이션

직원스테이션에는 직원실, 발코니, 직원화장실이 함께 배치되어 있어 직원의 동선이 단축되어 편리하다. 직원스테이션은 비교적 넓으며, 낮은 문이 설치되어 있으나 대체로 열어 두고 생활한다. 직원실과 발코니에는 수납가구가 많으며, 물건을 수납하는 장소로 사용하고 있다. 직원화장실에는 거주실 부속화장실과 같은 가정적인 마감재와 위생도기를 사용하였다.

중정

1층에 위치하는 중정의 이름은 '해피빌'이며, 월 1~2회 프로그램활동에 사용된다. 거주노인들은 이곳에서만 통용되는 화폐로 음료나 작은 물건을 살 수 있다. 우천시에도 사용할 수 있도록 천창이 있으며, 실제로 외부 상점에 나온 듯한 느낌을 준다. 풍경을 그린 벽화로 공간을 넓게 보이게 하였으며, 돈을 사용하고 계산을 함으로써 치매노인의 잔존능력이 보존, 향상되는 효과가 있다.

21 마이홈노인전문요양원

소재지 대구 동구 불로동 955-2 **Ⅰ 시설유형** 무료노인전문요양시설 **Ⅰ 정원** 75명 **Ⅰ 개원년도** 2004년
운영자 사회복지법인 육주복지회 **Ⅰ 대지면적** 4,132.25m² **Ⅰ 건축면적** 2,380.16m² **Ⅰ 건축특성** 지하 1층, 지상 3층

마이홈노인전문요양시설은 주변에 육주복지회에서 운영하는 동구노인복지회관, 동구노인대학, 동구노인주간보호센터가 함께 있어 각 기관간의 연계 서비스가 이루어지고 있다. 이 시설은 일반 주거지역에 위치하여 대중교통의 이용이 가능하며, 도로에 인접하여 시설로의 접근이 비교적 용이한 편이다. 이 곳에서는 요양을 필요로 하지만 가정에서 보호받지 못하는 노인성 질환을 지닌 노인들이 입주하여 전문적인 건강의료 시스템과 다양한 건강관리 프로그램(촉탁의 방문에 의한 정기적 건강검진 · 물리치료 · 건강체조 · 맛사지 · 침술), 기능회복 프로그램(작업치료 · 미술/음악치료), 정서지원 프로그램(노래교실 · 원예치료 · 종교활동 · 비디오 감상), 사회적응 프로그램(시장구경 · 나들이 · 자원봉사자 연계교류) 등 다양한 복지 서비스를 받으며 생활하고 있다. 노인들은 평상복 차림으로 생활하며, 거주실은 침대식과 온돌식으로 이루어져 있다.

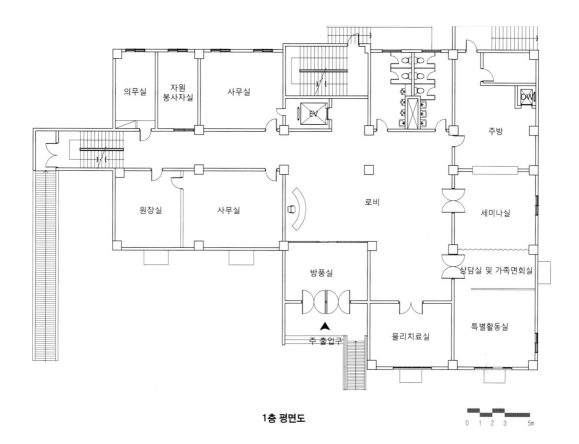

1층 평면도

의무실
자원봉사자실
사무실
EV
주방
원장실
사무실
로비
세미나실
방풍실
상담실 및 가족면회실
주 출입구
물리치료실
특별활동실

0 1 2 3 5m

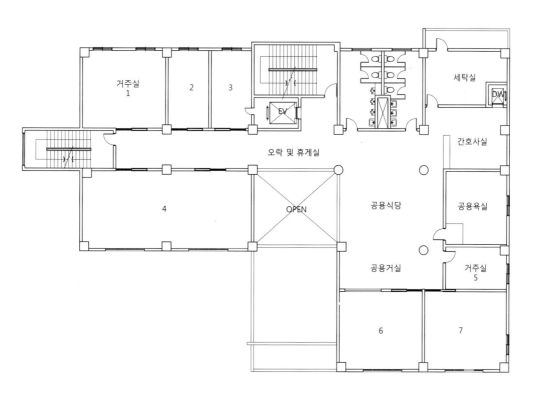

2, 3층 평면도

거주실 1
2
3
EV
세탁실
DW
오락 및 휴게실
간호사실
4
OPEN
공용식당
공용욕실
공용거실
거주실 5
6
7

공간배치 특성

건물은 지하 1층, 지상 3층 규모로 1층의 로비 상부가 2, 3층까지 뚫려 있어 건물을 수직으로 관통하는 홀을 형성하고 있으며, 이 홀을 중심으로 공용거실 겸 식당, 공용화장실, 직원공간, 계단실이 배치되어 있고 그 좌우로 배치된 복도를 따라 거주실 및 기타 시설이 배치된 방식이다. 거주실의 배치는 중복도 방식으로 되어 있다. 거주영역은 2층과 3층에 위치하며, 와상노인을 제외한 거주자는 2, 3층에 위치한 공용거실 겸 식당에서 식사한다. 중앙식당 및 주방은 1층에 배치되어 있으나 중앙식당은 프로그램실 및 세미나실로 활용하고 있다. 엘리베이터 1대가 있으나 거주노인이 사용하기보다는 보호자를 동반한 이동, 방문객 이용, 물건운반에 사용된다.

거주영역

거주실은 생활지도원실이 있는 2층과 3층에 배치되어 있다. 거주실이 있는 2개 층에는 공용욕실, 공용화장실, 공용거실 겸 식당이 배치되어 있다. 기타 공용 프로그램을 위해 세미나실을 사용하거나, 가족면회나 물리치료를 목적으로 1층을 사용하기도 한다. 그러나 기본적으로 거주노인들의 생활영역은 2층과 3층이며, 1층의 운영자 업무영역과 분리된 인상을 준다.

거주실

거주실은 3인실, 6~7인실의 두 가지 규모가 있고, 주로 침대실로 이루어져 있으나 3인실 중에는 온돌실도 있다. 거주실 부속화장실은 없으며, 거주노인들은 각 층에 설치되어 있는 공용화장실을 사용하고 거주실은 이동식 변기를 두고 있다.

  거주실에는 일반 병원에서 사용하는 것과 같은 철재 침대가 배치되어 있으며, 침대의 배치방식이나 침구류의 소재도 일반 병실에서와 같은 형식이라 전반적으로 시설적인 느낌이 강한 편이다. 침대 옆에 개인생활용품의 수납을 위한 사이드 테이블이 있고, 거주실마다 TV가 한 대씩 배치되어 있다. 사이드 테

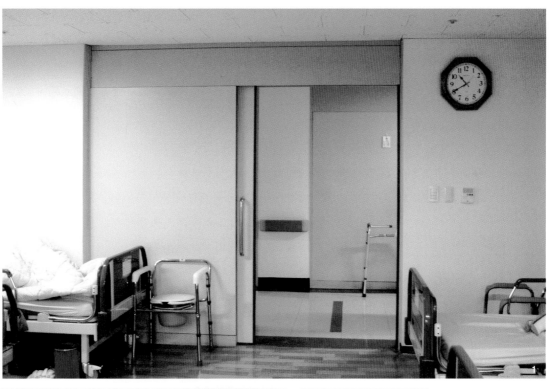

1. 거주실의 넓은 미닫이문
2. 거주실의 붙박이수납장

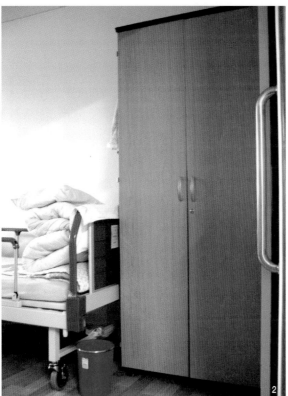

이블을 제외한 개인별 수납가구는 없으며, 공용의 붙박이수납장이 설치되어 있다. 실내 마감으로 바닥은 나무무늬 비닐장판, 벽은 크림색 종이 벽지를 이용하였고, 천장은 일반 업무시설용 텍스로 마감했다.

창은 고정창과 여닫이창이 결합된 방식으로 환기를 위한 부분 개폐가 가능하며, 방충망과 안전을 위한 창살이 설치되어 있다. 창틀 상부에는 직물로 된 쉐이드를 설치하여 가정적인 분위기를 연출하려고 하였다.

거주실 출입문은 미세기문이며 옅은 분홍색으로 따뜻한 느낌을 살렸다. 복도와 거주실 사이에 문턱은 없으며 바닥재의 색상 차이를 이용해 경계를 표시하고 있다. 복도에서 보았을 때 문의 우측 혹은 좌측 벽에 사람 눈높이보다 약간 위쪽으로 방번호와 거주노인의 성명이 부착되어 있다.

공용거실 겸 식당

공용거실 겸 식당은 통로를 겸하는 홀의 형식으로, TV를 중심으로 소파가 배치된 영역과 거주노인의 식사 및 프로그램 운영을 위한 테이블과 의자가 배치된 영역으로 나뉜다. 평면 형태는 정방형에 가까우며 양끝쪽에 거주실로 이르는 복도가 어긋나게 배치되어 있다. 1층 로비 상부는 2, 3층까지 뚫려 있어 공용거실 겸 식당의 채광을 좋게 하는 역할을 한다. 소파는 가죽느낌이 나는 합성가죽으로 되어 있고 따뜻한 크림색 또는 갈색이다. 식탁과 의자는 일반 식당에서 흔히 볼 수 있는 형태와 재질로 되어 있다. 공용거실 겸 식당 벽면에 설치된 안전손잡이는 회색 톤의 합성수지로 되어 있으며, 전반적으로 채광상태와 환기상태가 양호하다.

공용화장실

공용화장실은 모든 층에 있다. 특히 2층과 3층의 공용화장실은 거주실에 부속화장실이 없어서 거주노인을 포함한 모든 시설 이용자들이 사용하게 되어 있다. 공용거실 및 식당에서 바로 보이는 위치에 공용화장실이 배치되어 있다. 공용화장실의 벽을 따라 안전손잡이가 설치되어 있으며 세면대와 양변기 주변에도 안전손잡이가 있다. 양변기 세정 레버 및 버튼은 거주노인이 쉽게 알아볼 수 있도록 바닥과 벽에 설치되어 있다.

3. 소파가 배치된 공용거실
4. 세정 레버와 버튼이 모두 설치된 양변기
5. 공용식당의 식탁과 의자

바닥은 타일로 마감되어 있으며, 특히 바닥은 미끄러움을 방지하기 위해 모자이크 타일로 마감했다. 창이 있어 채광상태가 좋으며 환기상태도 양호하다. 공용화장실은 신발을 갈아 신지 않고 실내화를 신고 이용한다.

복 도

복도는 중복도식이며, 노인들의 배회공간을 비롯하여 충분한 통행공간을 제공한다. 복도 양쪽으로 배치된 거주실의 입구는 서로 어긋나게 배치되어 한 방의 실내에서 맞은편 방의 실내가 보이지 않는다. 복도에 별도의 휴식공간은 없으며 한쪽 끝은 공용거실과 통하고 다른 한쪽 끝은 계단실 출입구와 연결된다.

복도에는 창이 없어 자연채광은 없다. 바닥은 공용공간과 동일한 밝은 회색의 비닐계 마감재(P-타일)를 사용하였으며, 벽은 백색 페인트, 천장은 텍스를 사용했다. 복도의 벽을 따라 합성수지재 안전손잡이가 설치되어 노인들의 통행이 편리하도록 하였다. 천장에 일렬로 배치된 조명등이 방향성을 강조하는 효과를 내며 바닥에는 눈에 잘 띄는 붉은색 패턴을 이용하여 방향성을 강조했다. 벽과 만나는 복도 바닥의 양 끝에도 붉은색으로 영역구분을 했다.

공용욕실

2, 3층의 공용거실 겸 식당 가까이에 공용욕실이 있다. 거주노인들은 공용욕실에서 최소 주 1회 일반 목욕 및 질병 특성에 맞는 특수욕 서비스를 받는다. 일반 플라스틱 의자를 샤워 의자로 사용하며, 와상노인용 목욕침대, 자동목욕기, 이·미용 서비스를 위한 샴푸 의자, 건조와 소독을 위한 적외선 장치, 3~4구의 샤워기가 설치되어 있다. 목욕 시에는 미끄럼을 방지하기 위해 별도의 고무 매트를 사용한다. 전체 크기는 상당히 여유 있는 편이며 크림색과 살구색을 바탕으로 한 마감재 사용으로 따뜻하고 밝은 분위기를 내고 창이 있어 환기와 채광이 양호한 편이다.

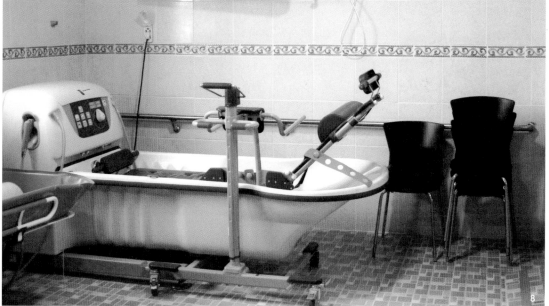

6. 붉은색 패턴으로 방향성을 강조한 복도의 바닥
7. 영역 구분에 효과적인 바닥색 대비
8. 기계욕조가 비치된 공용욕실
9. 벽화로 장식한 일광욕실의 벽

일광욕실

3층에는 노인들이 자연채광을 받으며 휴식을 취하거나, 단체 프로그램 및 교육 프로그램을 진행하기 위한 공간으로 일광욕실이 마련되어 있다. 일반 거주실이 배치되어 있는 복도 양쪽 공간 중 한쪽 끝부분 벽체를 유리벽으로 마감하여 시각적으로 개방된 공용공간을 구성했다. 일광욕실은 자연광을 최대한 끌어들이기 위해 2개 벽체 전면을 유리로 마감했으며, 일반 벽체와 기둥은 다양한 원색을 사용한 벽화로 장식하여 노인들의 정서에 도움을 주고자 했다. 창쪽에 밝은 색 천으로 마감된 소파를 그룹지어 배치해 노인들이 바깥쪽을 바라보며 휴식을 취할 수 있도록 했으며, 그 외의 공간은 여유공간으로 남겨두어 단체 프로그램을 위한 공간활용이 가능하도록 했다.

지원·관리영역

직원스테이션

직원스테이션은 거주노인을 위한 각종 케어를 준비하고 프로그램을 운용하기 위한 공간으로 2층과 3층에 각각 배치되어 있다. 공용거실 겸 식당의 한쪽에 카운터를 배치하고 카운터 뒤쪽으로 직원들의 업무시설을 배치했는데, 사무용 설비 이외에, 간이부엌과 냉장고, 1층 식당 및 주방과 연결된 음식물용 덤웨이터가 있어 배식관리에 활용하고 있다. 또 세탁실과도 연결되어 있어 리넨실의 기능도 겸하는 통합 업무공간의 역할을 담당한다.

의무실

의무실은 2층에 있으며, 주 2회 방문하는 촉탁의사의 진료 및 평상시 노인들의 건강관리 및 질병에 대한 기초 의료케어를 관리하고 있다. 생활지도원실 옆쪽에 의무실이 별도 설치되어 연중 개방되어 있다.

22

실버랜드

소재지 대전 중구 어남동 59번지 ┃ **시설유형** 무료노인전문요양시설 ┃ **정원** 84명 ┃ **개원년도** 2002년
운영자 사회복지법인 선아복지재단 ┃ **대지면적** 6,190m² ┃ **건축면적** 연면적 1,932.6m² ┃ **건축특성** 지상 3층

실버랜드는 대도시 근교의 일반 주거지역에서 약간 떨어진 곳에 위치해 있으며, 주변에 산이 있어 경관이 좋고 방문 시에 대중교통의 이용이 가능하다. 거주노인은 시설에서 제공하는 생활복을 입거나 개인 소유의 평상복을 입고 생활하며, 실내에서는 양말이나 덧버선 등을 자유롭게 신는다.

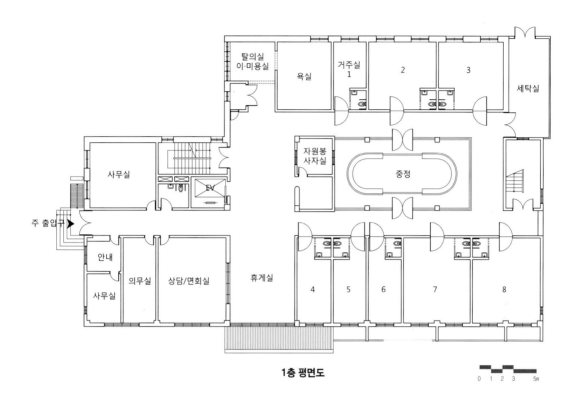

1층 평면도

탈의실
이·미용실

욕실

거주실
1

2

3

세탁실

사무실

EV

주 출입구 ▶

자원봉
사자실

중정

안내

사무실

의무실

상담/면회실

휴게실

4

5

6

7

8

0 1 2 3   5m

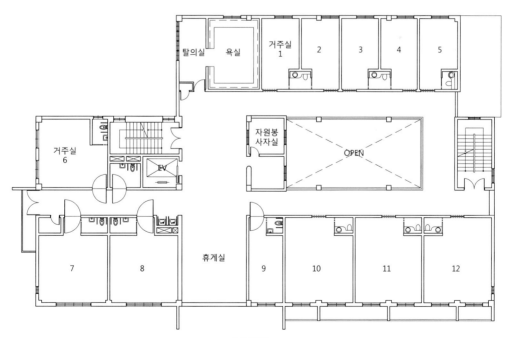

2층 평면도

탈의실

욕실

거주실
1

2

3

4

5

거주실
6

EV

자원봉
사자실

OPEN

휴게실

7

8

9

10

11

12

공간배치 특성

건물은 ㄱ자 형태이며 지상 3층으로 구성되어 있다. 1층에는 사무실, 공용거실 겸 식당, 의무실, 거주실 등이 위치하고 있으며, 사무실과 공용식당을 경유하여 거주실이 배치된 내부로 들어오게 되어 있다. 1층의 공용식당은 보행 가능한 노인들이 사용하고 있다. 2~3층에는 공용거실, 중정, 자원봉사자실, 간호스테이션, 공용욕실, 탈의실, 이·미용실, 세탁실, 공용화장실, 물리치료실, 심리안정치료실, 의무실, 면회실, 거주실이 위치하고 있으며, 중정을 가운데로 하여 양 옆으로 거주실이 배치되어 있다.

1대의 엘리베이터가 있으며 노인들이 개별적으로 사용하지 못하도록 카드를 넣어 사용한다. 계단에는 개폐조절장치를 설치하여 치매노인들이 외부로 나갈 수 없도록 하였다.

거주영역

거주영역은 거주실, 공용거실 겸 식당, 중정, 직원스테이션, 복도, 공용욕실 등으로 구성되어 있다.

거주실

거주실은 취침방식에 따라 온돌식과 침대식으로 나누어지며, 거주실 입구 쪽에 부속화장실이 위치해 있다. 거주실에는 수납장, TV, 공기청정기, 냉장고가 있으며 액자, 화분 등과 같은 개인물품이 있다.

거주실 부속화장실은 접이문이며, 양변기, 세면대, 샤워기, 거울이 있고, 양변기에는 안전손잡이가 설치되어 있다.

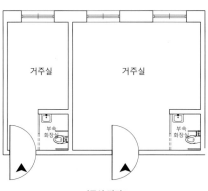

거주실 평면도

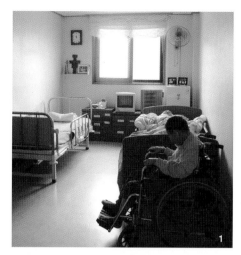

1. 침대식 거주실
2. 온돌식 거주실
3. TV, 오르간 등이 비치된 공용거실
4. 거주실 부속화장실의 접이식 문

공용거실

각 층마다 있는 공용거실의 창 쪽에는 TV, 노래방 기기, 오르간이 설치되어 있어 행사 또는 프로그램을 진행하는 다목적실로 활용한다. 또 휠체어를 사용하는 노인들의 식당으로도 사용된다. 거실 끝부분에 직원스테이션이 위치해 있어 거실의 노인행동을 쉽게 관찰할 수 있다. 거실의 전면에는 넓은 창이 있어 채광이 좋다.

공용식당

공용식당은 1층에 위치해 있으며 외부 출입구와 연결되어 있다. 이동이 가능한 노인들과 직원이 사용한다. 식당은 주방과 연결되어 있으며 TV, 음료자판기, 정수기, 컵소독기, 냉장고, 공기청정기, 빔프로젝트, 화이트보드, 교탁 등이 비치되어 있어 다목적공간으로 이용되고 있다.

공용화장실

공용화장실 문에는 관찰창이 있으나 반투명 시트로 가려져 있고 세면대, 샤워기, 수납장, 양변기가 있다.

복 도

중정을 중심으로 복도가 있으며, 충분한 공간을 확보하고 소파를 두어 거주노인들이 앉아서 쉴 수 있다. 복도의 끝에는 창이 있고 이동침대와 휠체어를 수납해 두었다.

중 정

중정은 2층 거주실 가운데에 위치해 있으며 3층 높이까지 연결되어 있고 천창이 있어 채광이 좋다. 중정의 출입문이 양쪽에 있어 거주노인이 쉽게 드나들 수 있으며, 2층과 3층 모두 중정에 면한 창이 많아 쉽게 조망할 수 있도록 되

5. 외부 출입구와 연결되는 공용식당
6. 공용식당에서 본 주방
7. 중정에 면한 소파가 비치된 복도
8. 복도 끝부분의 휴식공간
9. 공용화장실의 샤워기가 연결된 세면대
10. 부드러운 분위기의 중정

어 있다. 어항 및 각종 식물 등으로 정서적인 분위기이며, 중정 가운데에 목재 의자와 테이블이 놓여있어 휴식공간으로 이용된다. 중정 내 벤치를 부드러운 곡선으로 설치하여 앉아서 편하게 쉴 수 있다.

공용욕실

공용욕실은 각 층에 있으며, 탈의실을 거쳐서 들어가게 되어 있다. 탈의실은 이·미용실로도 사용되며, 거주노인들의 옷을 수납하는 선반이 한쪽 벽면에 설치되어 있다. 공용욕실에 접이문이 설치되어 있으며, 욕실에는 샤워기와 샤워의자, 기계욕조가 있다.

물리치료실

물리치료실은 2층에 있으며, 운동기구를 비치하여 운동실로도 이용하고 있다. 공용거실 옆에 위치해 있으며 공용거실과 면한 창은 커튼으로 가려 놓았다.

심리안정치료실

심리안정치료실은 2층에 위치해 있으며, 노인들의 시각·청각·촉각 등에 적절한 자극을 주어 심리적·정서적 안정을 주기 위한 공간이다. 이곳에는 여러 가지 자극을 위한 조명, 게시물, 기기 등이 설치되어 있다.

지원·관리영역

사무실

사무실은 주 출입구 앞에 있으며 칸막이로 분리된 내부공간을 거쳐서 시설 안으로 들어가게 되어 있다. 즉, 사무실이 동선을 유도하는 통로의 기능을 한다. 사무실은 전체적으로 칸막이로 구분되어 있으며 한쪽에는 테이블과 의자를 두어 면회공간으로 사용하고 있다.

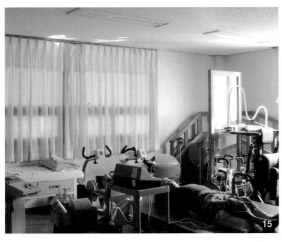

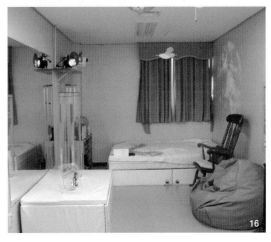

11. 중정으로 통하는 유리문
12. 노인들이 관찰할 수 있는 어항
13. 공용욕실의 샤워공간
14. 이 · 미용실로도 사용되는 공용욕실의 탈의실
15. 침대와 운동기구가 비치된 물리치료실
16. 심리안정치료실 내부

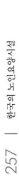

직원스테이션

직원스테이션은 각 층의 공용거실과 거주실 사이에 위치해 있으며, 자원봉사
자실과 이어져 있다. 직원스테이션에는 책상, 의자, 수납장과 각 거주실의 전
등, 냉·난방기 스위치와 게시판이 있다.

자원봉사자실

자원봉사자실은 직원스테이션과 면해 있어서 직원스테이션을 통하여 출입한
다. 실내에는 옷장과 간이부엌이 있다.

의무실

의무실은 2층 심리안정실 옆에 위치해 있으며 책상, 의자, 약물수납장, 소파,
테이블, 냉장고, 간이부엌이 비치되어 있다.

17. 심리안정치료실에 있는 청각자극을 위한 기기

18. 촉각자극을 위한 게시물

19. 사무실 한쪽의 면회실

20. 직원스테이션

21. 직원스테이션에 인접한 자원봉사자실

22. 자원봉사자실의 내부

23. 약품수납장이 있는 의무실

안나노인건강센터

소재지 부산 서구 서대신동 **l 시설유형** 무료노인전문요양시설 **l 정원** 100명 **l 개원년도** 2005년
운영자 사회복지법인 **l 대지면적** 5,362m² **l 건축면적** 2,225m² **l 건축특성** 지하 1층, 지상 2층

Korea

안나노인건강센터는 대도시 근교의 일반 주거지역에서 조금 떨어진 곳에 위치하고 있으며, 대중교통을 이용한 접근이 가능하다. 무료노인전문요양시설로, 거주노인의 건강상태는 치매, 중풍, 근골격계, 내과의 특정질환을 가지고 있다. 거주노인은 시설에서 제공하는 생활복을 입고, 양말을 신고 생활한다. 직원은 앞치마 등을 착용하여 구별한다.

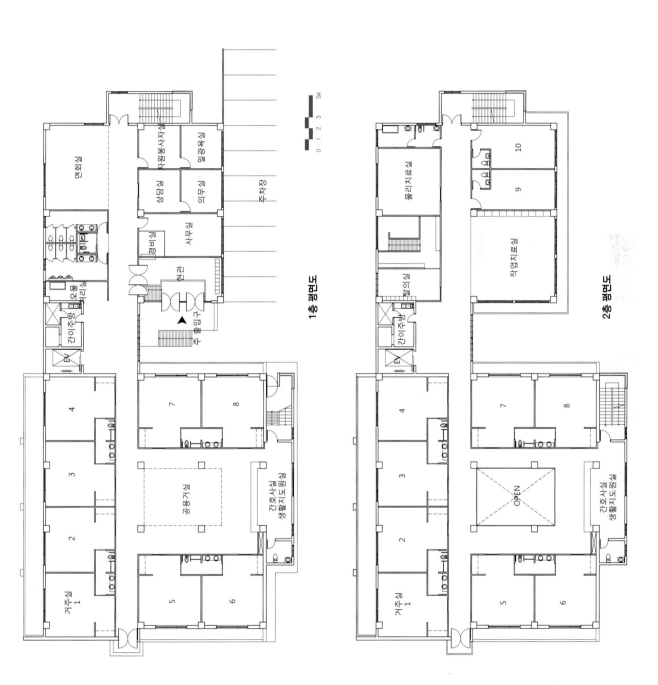

1층 평면도

2층 평면도

0 1 2 3 5m

1층 평면도 (상단)
- 면회실
- 오물처리실
- 간이주방
- EV
- 거주실 1
- 2
- 3
- 4
- 경비실
- 상담실
- 의무실
- 자원봉사자실
- 일광욕실
- 사무실
- 주차장
- 현관
- 출입구
- 주방입구
- 공용거실
- 7
- 8
- 5
- 6
- 간호사실 / 생활지도원실

2층 평면도 (하단)
- 오물처리실
- 간이주방
- EV
- 거주실 1
- 2
- 3
- 4
- 직원회의실
- 물리치료실
- 작업치료실
- 9
- 10
- OPEN
- 7
- 8
- 5
- 6
- 간호사실 / 생활지도원실

공간배치 특성

건물은 공용거실을 중심에 두고 거주실을 ㅁ자로 배치한 형태와 물리치료실, 작업실 등 공동생활영역과 직원실 등의 지원관리공간을 중복도형으로 배치한 ―자형이 결합된 구성이다. 1층에는 거주영역인 거주실과 공용거실, 지원관리영역인 직원실, 접객실, 원장실이 있다. 2층의 경우 거주영역은 1층과 같으나, 물리치료실과 작업치료실이 배치되어 있다. 거주실은 6인실로 구성되어 있으며, 온돌식이 10개, 침대식이 6개로 총 16개이다.

　건물의 주 출입구는 주차공간과 완만한 경사를 이루고 있어 누구나 쉽게 들어갈 수 있다. 주 출입구 안의 방풍실은 마룻바닥이며, 신발을 벗고 실내로 들어가게 되어 있다. 방풍실에서 1층 로비로 들어가는 2개의 출입문 중 하나는 마루공간과 연결된 양 여닫이문이고, 다른 하나는 휠체어 등의 사용자가 마루공간을 통하지 않고 바로 들어갈 수 있도록 완만한 경사로로 연결된 출입문이다. 직원실 안에서도 가족이나 방문객 등 사람의 출입을 쉽게 관찰할 수 있도록 방풍실 쪽으로 창이 설치되어 있다.

거주영역

거주영역은 2개 층에 있는데 1층의 거주영역은 중앙의 공용거실을 중심으로 거주실과 간호사실이 둘러싸도록 배치되어 있다. 2층은 중앙 천창 주변으로 거주실과 간호사실을 두고 있으며, 간호사실 앞공간을 공용거실로 사용하고 있다. 거주영역은 거주실, 공용거실 겸 식당, 공용욕실 및 화장실로 이루어져 있다. 거주실은 온돌식과 침대식이 있으며, 거주실 부속화장실은 2개의 거주실에서 공용으로 사용한다.

거주실

거주실의 문은 두 짝 미세기문으로 되어 있으며, 문턱이 없고 문폭이 넓어 출입이 편하다. 문에 관찰창이 있으나 커튼으로 거주실의 개방성을 조절할 수

1. 방풍실과 사무실 사이의 창
2. 휠체어 사용자를 위한 완만한 경사로가 있는 주 출입구
3. 수납장과 탁자가 비치된 거주실
4. 침대식 거주실
5. 세면대와 샤워기는 벽으로, 분히하고 샤워기와 양변기는 칸막이로 분리한
   거주실 부속화장실

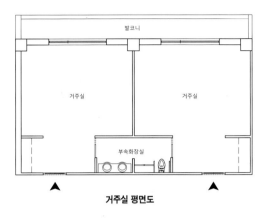

거주실 평면도

있다. 거주실마다 담당 직원이 있으며 직원의 재량으로 거주실을 꾸몄다. 발코니로 나가는 대형 유리문이 있어 채광과 환기가 좋으며, 거주실마다 개별 냉난방을 한다. 침대는 시설에서 제공하며 거주노인이 원할 경우 개인용 가구를 시설에서 제공하기도 한다.

거주실 부속화장실은 거주실 2개에서 사용하도록 양쪽에 출입구가 있으며, 문대신 커튼을 설치하고 있다. 거주실 부속화장실은 직사각형 평면이어서 세면대, 양변기, 샤워기가 일직선으로 배치되어 있으며, 세면대와 샤워기 사이는 벽으로 분리되어 있고, 샤워기와 양변기 사이는 칸막이로 분리되어 있다.

공용거실

1층의 공용거실은 중앙에 배치하고 그 주변으로 거주실이 있는 거실중심형의 배치형태로, 모든 거주실에서 공용거실로 쉽게 나갈 수 있다. 공간이 넓고 단차가 없어 휠체어 사용이 가능하며, 거주노인들의 휴식이나 직원의 수발 및 상호교류 등 다양한 활동들이 이루어진다. 공용거실은 사각형의 평면으로 TV, 소파, 의자, 피아노가 있고, 2층까지 뚫려 있는 상부에 넓은 천창이 있어 공용거실은 채광과 환기가 매우 좋다.

2층 복도에 의자, 테이블, 소파 등을 배치하여 거주노인들이 휴식할 수 있는 공간을 마련하고 있으며, 특히 간호사실 앞 공간이 넓은 편이어서 이곳에 TV와 긴 소파를 배치하여 사용하고 있다. 그러나 통행하는 사람과 휴식을 위해 앉아 있는 사람들이 서로 방해를 받을 수 있다. 천창이 있어 채광과 환기가 매우 잘 된다.

6. 직원스테이션 앞 복도를 활용한 2
층 공용거실
7. 의자, 소파, 탁자를 두어 휴식공간
으로 사용하는 2층 복도
8. 1층 공용화장실의 출입문
9. 세탁실이 인접배치된 2층의 공용화
장실

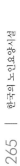

공용화장실

1층에는 직원과 방문객이 사용하는 공용화장실이 사무실 앞쪽에 있다. 2층의 공용화장실은 복도 끝에 위치하고 있으며, 세탁실이 인접해 있다. 양변기 주변에 안전손잡이가 설치되어 있고 세면대 하부에 여유공간이 있어 휠체어 사용자도 이용할 수 있으며 큰 창이 있어 채광과 환기가 좋다. 출입문 아래에 배수를 위한 트렌치가 설치되어 복도 바깥으로 물이 흐르지 않는다.

복 도

2층에는 공용거실을 계획할 공간이 없어 복도에 의자, 소파, 탁자 등을 두어 휴식공간을 마련하고 있다. 그러나 처음부터 계획한 것이 아니어서 휴식과 통행을 위한 공간을 충분히 확보하지 못하여 혼란스럽다. 복도 벽에는 나무 색의 합성수지로 된 안전손잡이가 있으며, 천장에는 냉난방기가 설치되어 있다.

　2층 엘리베이터 옆의 작은 알코브에 있는 간이부엌은 지하 주방에서 조리된 식사를 식사실이나 거주실로 이동하기 전에 직원들이 준비하는 공간이다. 간이부엌에는 개수대, 정수기, 식기소독기, 전자레인지 등이 있고, 접이문으로 복도공간과 분리되어 있다. 그러나 공간이 협소하고 작업대 등 적절한 설비가 없어 직원들은 바닥에 앉아서 일을 하거나 복도 쪽으로 나와서 작업을 한다.

공용욕실

공용욕실의 출입문은 넓은 미세기문으로 문턱이나 단차가 없다. 공용욕실은 탈의실 겸 미용실과 욕실로 나누어져 있으며, 공간이 넓어 직원과 노인이 함께 움직이기 편리하고 휠체어 사용도 용이하다. 탈의실 겸 미용실의 한쪽 벽에 붙박이 수납장을 두어 목욕 관련 물품들을 보관하고 있으며, 와상노인을 위한 접이식 메트도 있다. 또한 고창이 있어 채광과 환기가 좋다.

　탈의실 겸 미용실과 욕실 사이에는 접이문을 설치하였으며, 욕실에는 기계욕조, 샤워시설, 목욕탕, 샤워의자, 샤워용 휠체어가 있다. 목욕탕은 안전하게 들어가도록 경사로와 안전손잡이가 설치되어 있고, 가장자리는 검은색 타일로 마감하여 쉽게 식별할 수 있다. 고창을 두어 채광과 환기가 잘 되는 편이다.

10. 안전손잡이 사용을 방해하는 복도의 벤치
11. 노인의 추억을 되살리는 벽 장식
12. 부드러운 분위기를 연출하는 복도의 벽 장식
13. 공용욕실과 인접해 있는 탈의실 겸 미용실
14. 샤워용 휠체어가 비치된 공용욕실
15. 경사로와 안전손잡이가 설치된 공용욕실의
    욕조

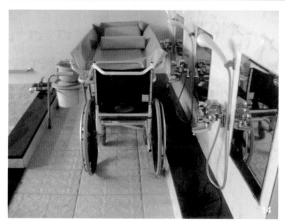

물리치료실

물리치료실의 출입문은 넓은 두 짝의 미세기문으로 관찰창이 있으며, 문턱이 전혀 없고, 외부로 향한 큰 창이 있어 채광과 환기, 조망이 매우 좋다. 직원공간으로 책상 2개를 두었으며, 다양한 형태의 침대들이 있다. 천장에는 직접조명과 함께 냉·난방기가 부착되어 있다.

운동 · 작업치료실

2층의 운동·작업치료실은 복도와 분리된 독립된 공간이면서 복도 쪽으로 열려 있어 접근이 용이하다. 이곳은 공용거실이 따로 없는 2층에서 거실, 시청각실, 운동, 작업실 등 다목적공간으로 이용되며 운동기구, 붙박이수납장, 작업테이블, 의자, TV, 프로젝터 등 다양한 설비들이 설치되어 있다. 운동·작업치료실의 바닥은 복도 바닥의 색과 재료가 달라서 복도와 시각적으로 쉽게 구별된다. 천장에는 냉·난방기가 있고 직접조명을 사용하고 있다. 작업치료실 전면에는 발코니로 나가는 넓은 유리문이 있어 채광, 환기, 조망이 매우 좋다.

지원 · 관리영역

사무실

1층 사무실에는 출입하는 사람들을 관찰할 수 있도록 현관 쪽으로 창이 있으며, 시설 쪽으로 큰 창이 있어 채광, 환기, 조망이 좋다. 사무실에는 상담실 및 의무실과 연결되는 문이 있어 직원들이 편리하게 업무를 볼 수 있다. 출입문은 미닫이문으로 문턱이 없으며, 넓어서 휠체어 사용이 가능하다. 책상 사이, 사무기기 사이에 칸막이가 설치되어 업무공간의 독립성이 유지된다. 상담실에는 탕비실이 설치되어 있다.

16. 다양한 운동기구가 비치된 운동 ·
    작업치료실
17. 색과 재료가 다른 바닥재를 사용하
    여 복도와 식별이 용이한 운동 · 작
    업치료실
18. 물리치료실의 직원공간
19. 거주노인의 출입을 관찰할 수 있는
    사무실
20. 사무실과 연결된 상담실의 탕비실

직원스테이션

간호사실과 생활지도원실로 되어 있는 직원스테이션은 한 공간을 두 영역으로 분리하여 사용하고 있다. 1층의 직원스테이션은 중앙의 공용거실을, 2층은 중앙 천창을 바라보는 위치에 있어 거주실 관찰이 비교적 용이하다. 직원스테이션에는 높이가 낮은 접이식문이 설치되어 있어 노인들의 출입은 통제하면서도 직원은 복도에 있는 거주노인과 대화를 하거나, 관찰할 수 있다.

직원식당

지하에 있는 직원식당은 주방과 연결되어 있으며, 일반 가정의 4인용 식탁과 의자를 두어 집과 같은 편안한 분위기이다. 경사지의 특성을 이용하여 한쪽 면은 바깥을 볼 수 있도록 하였으며, 넓은 창을 통해 채광과 환기가 잘 되고 있다. 복도에 식탁과 의자를 두어 식당을 확장하여 사용하고 있으며, 특히 복도 벽면에 그림들과 스포트라이트를 설치하여 카페처럼 분위기를 연출하여 휴식이나 접객공간으로 활용할 수 있도록 하였다.

피복실

피복실은 시장에서 직접 구입한 거주노인들의 옷들을 수납, 관리하는 공간이다. 시설에서 똑같이 제조한 생활복이 아니라 여러 종류의 다양한 일상복들을 거주노인들이 선택하도록 한 배려이다.

21. 간호사실과 생활지도원실이 함께 배치된 2층의 직원스테이션
22. 직원스테이션의 접이문
23. 식당으로 이용하는 지하층의 복도
24. 창이 있어 밝은 지하의 직원식당
25. 수납선반이 마련된 피복실

늘푸른노인전문요양원

소재지 울산광역시 중구 성안동 ㅣ **시설유형** 무료노인전문요양시설 ㅣ **정원** 50명 ㅣ **개원년도** 2004년
운영자 사회복지법인 늘푸른사회복지재단 ㅣ **대지면적** 5,762m² ㅣ **건축면적** 331m² / **연면적** 1,153m²
건축특성 지하 1층, 지상 3층

24

Korea

늘푸른노인전문요양원은 대도시 중심권의 일반 주거지역에 위치하고 있어 대중교통을 이용한 접근이 가능한 무료노인전문요양
시설이다. 거주노인들은 시설에서 제공하는 생활복이나 개인 옷을 입고 생활한다. 직원은 30명으로, 유니폼을 입는다.

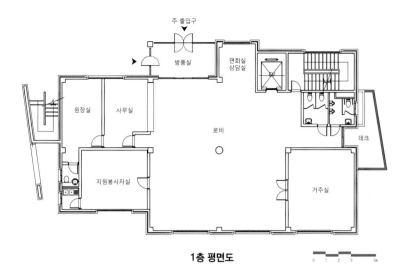

1층 평면도

주 출입구
방풍실
면회실 상담실
원장실
사무실
로비
지원봉사자실
거주실
데크

0 1 2 3 5m

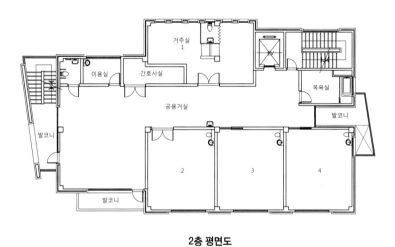

2층 평면도

거주실 1
미용실
간호사실
공용거실
목욕실
발코니
발코니
2
3
4
발코니

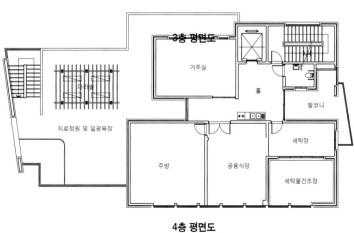

3층 평면도

4층 평면도

거주실
홀
치료정원 및 일광욕장
발코니
세탁장
주방
공용식당
세탁물건조장

공간배치 특성

건물은 ㅡ자 형태로 지하 1층, 지상 3층이며 1층에는 접객실, 직원사무실, 다목적실, 물리치료실 등이 있고, 2층과 3층에는 노인들의 거주영역이 배치되어 있다.

　주 출입구의 내·외부 바닥은 높이차가 없어 휠체어 사용 노인도 쉽게 들어갈 수 있다. 방풍실에서 신발을 벗고 1층 로비로 들어가도록 되어 있는데, 방풍실에 작은 실내 화단을 두어 시설을 방문하는 사람들에게 밝은 인상을 준다. 주 출입구는 유리로 된 넓은 쌍여닫이문과 유리벽으로 되어 있고 ㄱ자로 꺾인 쪽에 유리로 된 외여닫이문의 부출입구가 설치되어 공간의 개방감을 준다. 방풍실에서 로비로 들어가는 문은 자동 유리문이며, 유리벽으로 되어 있어 로비에서 외부 관찰이 용이하다.

　로비는 사무실과 연결되어 있어 출입하는 사람들을 관찰할 수 있으며, 공간이 매우 넓고 테이블과 의자를 두어 손님을 접대할 수 있도록 하였다. 실내 정원, 전통 가구, 행사안내게시판, 자동판매기, 냉장고, 정수기, 소파, 의자 등이 배치되어 있다.

거주영역

거주영역은 거주실, 공용거실 겸 식당, 간이부엌, 공용화장실, 직원스테이션으로 구성되어 있다. 거주실은 온돌식과 침대식으로 되어 있고 부속화장실이 있다. 특히 침대식 거주실의 경우 출입구를 통해 들어가면 2개의 공간이 좌우에 있으며 부속화장실이 두 공간 사이에 설치되어 있다.

거주실

침대식 거주실은 붙박이장과 부속화장실을 중앙에 설치하고 양쪽으로 공간을 분리하여 각각 2개의 침대를 배치하였으며 출입문 하나를 공동으로 사용하는 형태이다. 복도 쪽에 창이 있는데 복도에서 안을 들여다 볼 수 없도록 유리에 시트지를 부착하였으나, 취침시간 이외에는 대부분 열어 둔 상태이다. 벽에는

1. 바닥 단차가 없는 주 출입구
2. 경사로가 설치된 부출입구
3. 신발장과 식물이 배치된 방풍실
4. 의자와 테이블이 여러 곳에 배치된 로비
5. 자동판매기, 냉장고, 정수기 등이 비치된 로비
6. 로비로 창이 나있는 사무실

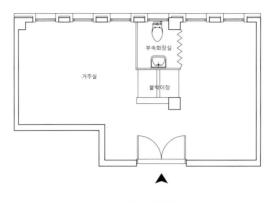

침대식 거주실 평면도   **온돌식 거주실 평면도**

시설에서 제공한 개인수납장이 설치되어 사진, 책 등 개인물품을 보관한다.
각 수납장에는 사용자의 이름표가 부착되어 있다. 거주실에는 세로로 긴 창이
있어 채광과 환기가 좋은 편이며, 커튼을 설치하여 시설과 같은 분위기를 줄
였다. 세로로 긴 창은 중간 부분만 열리기 때문에 안전하다. 벽과 천장의 마감
은 흰색 벽지이며 바닥은 비닐장판이어서 집과 같은 느낌을 준다.

　침대식 거주실의 부속화장실은 양쪽 거주실에서 공동으로 사용하며, 접이
문이 있고 잠금장치는 없다. 또한 세면대와 양변기가 설치되어 있고, 안전손
잡이는 없다. 세면대 아랫부분에 여유공간이 있으나 너무 좁아 휠체어가 접근
하기 곤란하다. 양변기 윗쪽으로 창문이 있어 채광과 환기에 매우 좋다.

　온돌식 거주실에는 거주노인이 사용하는 수납장과 노인이 전에 사용하던
전통 가구가 놓여 있으며 사용자의 이름표가 부착되어 있다. 복도에서 거주실
을 관찰할 수 있는 작은 관찰창이 출입문 옆 벽면에 있으나 노인들의 사생활
을 보호하기 위하여 작은 장식물을 두어 관찰창임을 모르게 하였다.

　온돌식 거주실의 부속화장실은 두 면이 접이문으로 되어 있어 휠체어 사용
도 가능하다는 융통성을 가지고 있다. 세면대와 양변기 바로 아랫부분만 타일
로 마감되어 있고, 나머지 부분은 거주실의 바닥재와 동일한 비닐장판으로 마
감되어 있다. 매트를 부분적으로 깔아 미끄러짐 사고를 예방하고자 하였다.
양변기에는 비데가 설치되어 있으며, 세면대 하부공간은 비어 있고, 배관 부분
에 덮개가 설치되어 있다.

7. 침대식 거주실의 출입문
8. 부속화장실과 붙박이장을 설치하여 두 공간으로
   분리된 침대식 거주실
9. 침대식 거주실
10. 양쪽에서 사용할 수 있는 침대식 거주실 부속화
    장실
11. 전통 가구가 있는 온돌식 거주실
12. 거주실 부속화장실의 접이문
13. 온돌식 거주실의 부속화장실에 있는 양변기와
    세면대

공용거실 겸 식당

공용거실 겸 식당에는 간이부엌이 설치되어 있고 TV, 소파, 식탁, 의자, 좌식 테이블, 수납장들이 있으며 한쪽 구석으로 실내 정원이 조성되어 있다. 간이 부엌에 개수대, 전자레인지, 드럼세탁기, 식기소독기, 정수기가 설치되어 있어 간단한 조리작업들을 할 수 있다. 낮은 테이블들은 식사 또는 작업프로그램 등 필요에 따라서 이동하거나 여러 개 붙여서 사용한다. 거동이 가능한 노인들은 바닥에 앉아서 낮은 테이블에서 식사를 하며, 휠체어를 타거나 거동이 불편한 노인들은 식탁에서 식사를 한다. 한 벽면 전체가 유리로 되어 있어 채광과 환기가 좋으며, 실내 정원의 넝쿨식물이 벽과 천장을 따라 뻗어나가도록 하여 공간에 활력을 불어 넣고 있다.

공용화장실

공용화장실은 공용거실 겸 식당과 직원스테이션 사이에 있다. 세면대와 양변기 주변에 안전손잡이가 설치되어 있고, 양변기의 세정버튼이 바닥과 벽에 설치되어 사용이 편리하다. 세면대는 휠체어의 접근이 용이하나 수전 온도제한 장치가 없어 화상이 우려된다.

복 도

복도 양쪽으로 거주실이 배치되어 있는 중복도형으로, 복도의 벽에 세면대와 나무 질감의 안전손잡이가 설치되어 있다. 복도 벽면에는 작은 선반들을 설치하여 장식물들을 전시하고 있으며, 등나무로 된 벤치와 전통 가구 등을 배치하여 집과 같은 분위기가 난다.

물리치료실

물리치료실은 1층에 있으며, 물리치료실 안쪽에 직원공간이 마련되어 있는데 책상, 수납장, 의자, 소파 등이 있다. 창이 넓어 채광이 좋다.

14. 실내 정원이 있는 공용거실 겸 식당
15. 공용거실 겸 식당의 간이부엌
16. 공용화장실 내부
17. 세면대와 벤치가 있는 복도
18. 물리치료실 내부

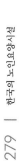

다목적실(강당)

다목적실은 1층 로비에서 바로 출입할 수 있는 2개의 출입구가 있으며 소파, 의자, 전통 가구, 행사에 필요한 각종 기기들이 설치되어 있다. 세면대가 물리치료실 입구 옆 벽에 설치되어 있다. 천장에 냉난방기기가 설치되어 있고, 영상기기도 설치되어 있어 노인들에게 영화를 상영하기도 한다. 바닥은 나무 질감의 비닐장판, 벽과 천장은 목재패널과 벽지로 마감되어 있다. 곳곳에 식물과 실내화단, 장식물들을 두고 있다.

접객실

1층 로비에 가족, 손님 등 접객을 위한 공간이 작은 알코브형태로 마련되어 있다. 로비와 공간을 분리하기 위하여 선반형태의 칸막이 벽을 설치하였으며, 일반 가정용 탁자와 의자를 두고 있다.

지원·관리영역

사무실

1층 사무실은 출입하는 사람을 관찰할 수 있도록 복도 쪽 벽면이 유리로 되어 있으며, 직원이 사무실에 앉아서 방문객과 이야기할 수 있는 작은 창문이 설치되어 있고 시설 외부를 관찰할 수 있는 창문이 있다. 또한 CCTV가 설치되어 있다.

직원스테이션

직원스테이션은 2층 공용화장실과 거주실 사이의 복도에 알코브 형태로 설치되어 있다. 낮은 문을 설치하여 노인을 관찰할 수 있으면서도 노인들의 출입을 통제할 수 있다. 그러나 문의 흔들림과 열고 닫음을 조절할 수 없어 소음이 나고 출입 시 부딪히는 불편함이 있어 한쪽 문은 열어둔 상태로 사용한다. 직원스테이션에는 컴퓨터, 의자, 책상, 수납장, 일정표, 게시판, 선풍기 등이 설치되어 있다.

19. 작은 무대가 설치되어 있는 1층의 다목
    적실
20. 로비에 있는 다목적실의 출입구
21. 1층 로비에서 접객실로 들어가는 출
    입구
22. 다목적실에 설치된 세면대
23. 의자와 테이블이 비치된 접객실

세탁실 겸 건조실

옥상의 세탁실은 건조실과 연결되어 있다. 건조실은 천장이 유리로 되어 있으며, 빨래건조대와 세탁물 정리를 위한 공간으로 평상을 두었다. 바닥은 미끄러지지 않는 세라믹 타일로 마감되어 있다.

옥상정원

옥상에 작은 화단을 조성하였으며 인조잔디를 깔았다.

24. 로비가 보이는 사무실
25. 알코브 형태의 2층 직원스테이션
26. 세탁실의 대형 세탁기
27. 세탁실과 인접한 건조실
28. 건조실에 있는 세탁물 정리를 위한 평상
29. 작은 화단과 화분이 있는 옥상정원

찾아보기

ㅈ

저자소개

김대년

서울대학교 사범대학 가정교육학과(학사)
미국 California State Univ. Long Beach, Dept. of Housing & Interior Design(학부수료)
미국 California State Univ. Long Beach 대학원, Housing & Interior Design 전공(석사)
경희대학교 대학원 주거학 전공(박사)
현재 서원대학교 조형 · 환경학부 건축학과 교수

윤영선

연세대학교 주생활학과(학사)
연세대학교 대학원 주거환경학 전공(석사)
연세대학교 대학원 주거환경학 전공(박사)
현재 극동정보대학 실내디자인과 교수

변혜령

경상대학교 가정교육학과(학사)
연세대학교 대학원 주거환경학 전공(석사)
연세대학교 대학원 주거환경학 전공(박사)
현재 상명대학교, 한남대학교 강사

정미렴

연세대학교 주거환경학과(학사)
연세대학교 대학원 주거환경학 전공(석사)
미국 The School of the Art Institute of Chicago 대학원, Interior Architecture 전공(석사)
연세대학교 대학원 건축학 전공(박사)
현재 가톨릭대학교 소비자주거학 전공 교수

김선태

순천대학교 공과대학 건축공학과 학사
순천대학교 대학원 건축공학 전공(석사)
일본 동경대학 대학원 건축학 전공(박사)
일본 국립보건의료과학원 협력연구원 근무
일본 사토종합계획 건축설계사무소 근무
현재 생활환경디자인연구소 책임연구원

살고 싶은
노인요양시설 24

2010년 10월 1일 초판 인쇄
2010년 10월 5일 초판 발행

지은이 김대년 · 윤영선 · 변혜령 · 정미렴 · 김선태
펴낸이 류 제 동
펴낸곳 (주)교 문 사

책임편집 성혜진
본문디자인 베이퍼
표지디자인 안미령
제작 김선형
영업 정용섭 · 송기윤

출력 현대미디어
인쇄 동화인쇄
제본 대영제본

우편번호 413-756
주소 경기도 파주시 교하읍 문발리 출판문화정보산업단지 536-2
전화 (031) 955-6111(代)
FAX (031) 955-0955
등록 1960. 10. 28 제406-2006-000035호
홈페이지 www.kyomunsa.co.kr
E-mail webmaster@kyomunsa.co.kr
ISBN 978-89-363-1074-5(93590)

값 24,000원
*잘못된 책은 바꿔 드립니다.